# 머리말

글로벌 시대에 사는 우리는 이제 질적인 휴식과 안락을 추구하게 되었다. 또한 휴일이 늘어남에 따라 외식산업은 급성장하고 있으나 우리는 아직 20세기 식생활에서 벗어나지 못하고 있는 실정이다. 특히 양주문화는 질적인 면에서 가히 세계적이라고 봐도 과언이 아니다.

요즈음 각 대학에서 조리학과가 신설되고 있으나 양조학에 대한 도서가 없어 외국의 유명 양주와 칵테일, 그리고 글라스와 기물 등을 컬러 화보로 수록하여 본서를 집필하게 되었다.

외식산업을 공부하는 모든 분과 관계 업종에 종사하는 분, 또한 조주기능사시험을 준비하는 분들에게 길잡이가 되었으면 하는 바람이다.

끝으로 책으로 나오기까지 많은 도움을 주신 분들과 도서출판 효일의 임직원들께 감사드립니다.

저자 씀

# 차 례

# 양주와 칵테일

조주기능사 문제수록

김성열 저

도서출판 효 일
www.hyoilco.co.kr

# 1장

## 음료학

# 제1절  개 관

 ## 1. 음료(*Beverage*)의 정의

　음료란 알코올 음료와 알코올이 들어가지 않은 비 알코올 음료를 모두 통칭하는 말이다.

 ## 2. 알코올 음료(*Alcoholic Beverage*)

### 1) 주류의 정의

- 주류라 함은 주정(희석하여 음료로 할 수 있는 것을 말한다)과 알코올분 1도 이상의 음료(약사법의 규정에 의한 의약품으로서 알코올분 6도 미만의 음료는 제외한다)를 말한다.
- 주류란 곡류(전분), 과일(당분)을 발효 또는 증류하여 만든 알코올분도 1도 이상의 음료를 말한다.

## 2) 주류의 종류

### (1) 양조주(Fermented Liquor)

양조주(발효주)란 식물성 과일이나 곡물을 원료로 당분과 효모, 박테리아 같은 미생물에 의해 발효된 발효주를 말한다.

➡ wine(포도), cider(사과), beer(보리), 청주(쌀), 막걸리(옥수수, 밀, 쌀)

### (2) 증류주(Distilled Liquor)

발효시켜서 만든 발효주를 증류시킨 술을 증류주라고 하며, 화주(火酒)라고도 말한다.

➡ 소주, 고량주, 위스키, 브랜디 등

### (3) 혼성주(Compounded Liqueur)

증류주를 기주(基酒)로 해서 여러 가지 식물의 잎, 줄기, 꽃, 열매, 뿌리, 껍질, 씨 등을 첨가하여 만든 술을 혼성주 또는 리큐르(Liqueur)라고 말하며, 미국에서는 코디얼(Cordial)이라고 부르기도 한다.

➡ 드람부이, 트리플섹, 꼬앙뜨로, 슬로진 등

# 3. 비알코올 음료(*Non Alchololic Beverage*)

## 1) 탄산음료(Carbonated Drink)

### (1) 진저엘(Ginger Ale)

Ginger Ale(진저엘)

생강과 설탕, 구연산을 주원료로 만든 청량음료로 식욕을 돋우며 소화제로 효과가 있는 건강음료로 캐러멜 색소를 사용하여 연한 황색을 띤다. 지금은 생강을 함유하지 않고 생강의 향만을 내고 있으며, 설탕, 탄산가스, 구연산, 캐러멜, 향료 등을 원료로 혼합하고 있다.

### (2) 토닉워터(Tonic Water)

영국에서 제2차 세계대전 당시 영국군에게 더위와 식욕부진을 방지하기 위해서 만든 음료로 여름철에 학질예방과 치료에 쓰이는 키니네(Quinine)와 오렌지, 레몬의 과피 등을 원료로 하여 만든 무색투명의 청량음료이다.

### (3) 칼린스 믹스(Collins Mix)

물에 레몬, 라임, 설탕, 탄산가스를 혼합한 음료로 칼린스 스타일 칵테일이나 탄산이 함유된 가벼운 칵테일에 많이 사용되는 청량음료이다.

### (4) 콜라(Coca-Cola · Coke)

1886년 미국 조지아주 애틀랜타의 존스타인 펨버튼(Johnstein Pemberton) 박사에 의해서 최초로 개발되었다. 콜라나무 열매(cola nut)의 추출물에서 쓴맛과 떫은 맛을 제거시키고 오렌지와 레몬 이외 수종의 향신료를 배합하여 만든 청량음료이다. 액상과당, 탄산가스, 캐러멜, 인산, 향료 등이 들어 있다.

## (5) 소다수(Soda Water)

Ginger Ale(진저엘)

물에 탄산이 들어간 음료수로 탄산가스와 무기염료가 함유되어 있다. 천연 광천수와 인공적으로 가공하여 만든 소다수 두 가지가 있다. 하이볼 스타일이나 가볍게 마시는 칵테일에 많이 사용된다. Carbonated Water(카버네이티드 워터), Club Soda,(클럽소다) Sparkling Water(스파클링 워터)라고 부르기도 한다.

## (6) 사이다(Cider)

원래는 사과를 발효시켜 만든 사과주이고, 국내에서는 구연산, 감미료, 탄산가스 등으로 만든 무색 청량음료의 상품명으로 쓰이고 있다.

## (7) 세븐업(7 up), 스프라이트(Sprite)

액상과당, 설탕, 탄산가스, 구연산, 구연산 나트륨, 레몬·라임향 등을 원료로 만든 무색 투명한 청량음료이다. 또한 국내에는 비슷한 제품으로 칠성사이다(Chilsung Cider), 킨(Kin) 사이다 등이 있다.

### 2) 무탄산 음료

물, 광천수 등

### 3) 기호음료(Liking Drinks)

커피, 차(茶) 등

### 4) 영양음료(Nutritions Drinks)

주스, 우유 등

# 제 2 절  양조주(釀造酒 : Fermented Liquor)

양조주는 발효주(醱酵酒)라고도 하며 식물성 과일이나 곡물을 원료로 전분이나 당분을 발효하여 여과한 술을 말한다. 발효주는 쉽게 변질되기 때문에 개봉 후 장기간 보관이 어렵고, 알코올 도수가 낮다. 종류로는 맥주, 포도주 등이 있다.

#### ◆ 발효란 ◆

발효란 효모와 당이 간나서 알코올과 이산화탄소, 물로 변하는 것을 말한다.

즉, 도식화하면 「효모＋당분 ＝ 알코올＋물＋이산화탄소」이다.

그래서 당분이 발효를 하려면 효모가 활동할 수 있는 환경이 되어야 한다. 즉, 당분이 풍부하고, 산소가 없어야 한다. 그래야 효모는 증식을 멈추고 발효를 일으키기 때문이다. 아울러 적절한 온도(5~25℃)가 되었을 때 포도(포도즙)가 포도주로 되며, 보리(맥아)가 맥주로 될 수 있다.

그리고 미생물(효모)은 알코올 농도 13도에 이르면 대부분 살 수가 없기 때문에 발효주는 증류주보다 알코올 도수가 낮다(맥주 4~6도, 와인 8~14도 정도이다).

#### ◆ 단발효주와 복발효주 ◆

원료가 과일일 경우에는 과일 자체가 당분을 가지고 있기 때문에 효모와 자연스럽게 발효과정으로 갈 수 있으나, 곡물일 경우는 자연적으로 발효를 하지 못하기 때문에 당화과정을 거치게 된다. 즉, 맥주의 경

우 맥아를 갈아서 가루로 만들고, 미지근한 물과 함께 섞어 주고, 열을 가해서 당분이 우러나게 한다. 즉 복발효주는 당화과정이 하나 더 추가되는 셈이다.

 # 1. 맥 주(麥酒 : Beer)

## 1) 정의

· 보리를 발효시켜서 호프와 물, 효모를 섞어 저장하여 만든 탄산가스 함유된 알코올성 음료이다.
· 맥주는 주정도가 약 4~6%이며, 여름에는 6~8℃로, 봄·가을에는 8~10℃, 겨울에는 10 ~14℃로 마시는 것이 이상적이다.

## 2) 원료

전통적인 맥주를 만드는데 보리를 주원료로 사용하여 왔으나 현재는 보리 이외에 옥수수와 쌀을 함께 사용하고 있다. 맥주의 맛을 결정하는 요인으로는 보리의 품종과 발효시킬 때 사용되는 효모(yeast), 호프(hop) 그리고 맥주의 85% 이상을 차지하고 있는 물 등이 있다.

### (1) 물(Water)

맥주를 만드는데 사용되는 물은 무색투명하고 무취무미로 오염되지 않은 깨끗한 물이어야 한다. 맥주의 90~93%정도를 차지할 정도로 맥주를 만드는데 있어서 중요한 원료이고, 생산공장의 입지를 선정하는데 중요한 요소를 가진다.

## (2) 보리(Malt)

보리에는 일반식용으로 쓰이는 6조보리(일반보리)와 맥주 양조에 쓰이는 2조보리(두줄보리)로 구분한다. 보리 이삭에 보리알이 6열로 달린 것이 6조보리로 우리가 흔히 먹는 식용 보리를 말하고, 맥주 양조에 사용되는 보리는 2조보리로서 6조보리에 비해 낟알의 크기가 크고, 단백질 함량이 적고, 전분질 함량이 높아 맥주 양조의 원료로 사용된다.

## (3) 호프(Hop)

맥주가 가지고 있는 독특한 특징을 만들어 주는 원료로 쌉쌀한 맛과 향을 내고, 상쾌함을 느끼게 해 줄 뿐만 아니라 거품을 일궈 맥주의 변질을 막아 주는 역할을 한다.

## (4) 효모(Yeast)

당분을 알코올과 탄산가스로 분해시키는 미생물의 일종으로 발효를 돕고 맥주의 맛을 좌우하는 중요한 요소이다.

## 3) 제조과정

보리 ➡ 발아(맥아) ➡ 당화 ➡ 호프(hop) 첨가 ➡ 효모(yeast) 첨가 ➡ 발효 ➡ 저장 및 숙성 ➡ 여과·병입

## (1) 제맥(맥아제조)공정 : 보리 → 발아 → 맥아

맥주를 만드는 방법은 먼저 보리(2조보리)를 적당한 수분과 따뜻한 온도에 맞추면 보리낟알에서 싹이 트는데 이것을 발아라고 하며, 발아된 낟알을 맥아(malt) 또는 엿기름이라고 한다. 이런 맥아를 볶아내는데 볶는 정도에 따라 맥주의 색과 맛이 달라진다.

## (2) 담금공정 : 분쇄 → 당화 → 호프 첨가 → 냉각

볶은 맥아를 빻아서 가루(맥분)로 만든 후 따뜻한 물에 넣고 가열하면 (약 65℃) 당화되어 당분이 우러나게 되고, 단맛의 맥즙이 된다. 이것을

여과하여 호프를 넣고 100℃에서 끓인다. 이 끓이는 과정에서 맥즙이 살균되고, 호프(hop) 특유의 맛과 향이 우러나게 된다. 그런 다음 호프를 제거하고, 살균시킨 맥즙은 냉각실에서 냉각과정을 거쳐 차갑게 하고 발효시키기 위해 발효통으로 옮긴다.

## (3) 발효공정(전발효 또는 주발효)

옮겨진 맥즙에 물과 효모(yeast)를 첨가시킨 후 대형 발효통에서 발효를 하게 된다. 이때 발효는 두 가지 형태로 발효하게 되며 윗부분에서 발효되는 것을 상면발효(Top Fermentation)라 하고 아랫부분에서 발효되는 것을 하면발효(Bottom Fermentation)라고 한다.

하면발효(Top Fermentation)는 낮은 온도(7도 내외)에서 발효과정을 거쳐 라거(Lager) 종류의 맥주가 되고, 상면발효(Bottom Fermentation)는 하면발효 보다 높은 온도(20도 내외)에서 발효되는 에일(Ale) 종류의 맥주가 된다.

이 발효과정은 7~10일 정도 소요되며, 전발효 또는 주발효라고 한다. 이 전발효(주발효)에서 효모가 하는 역할은 당을 분해해서 에틸알코올(ethyl alcohol)과 탄산가스($CO_2$)를 만드는 것이다. 여기에 수백 가지 미량 성분이 같이 만들어져서 맥주의 향기와 맛에 큰 영향을 준다.

**호프(Hop)란?**

맥주의 쌉쌀한 맛과 향을 주는 맥주의 원료로 6~12m까지 자라는 삼과의 다년생 덩굴초로 원산지는 유럽이다. 열매는 솔방울과 같은 구과(毬果)가 되며, 구과의 안팎 포엽의 밑동에 황금색의 꽃가루 비슷한 루프린(Lupulin)이라고 하는 분비샘이 있는데, 이것이 맥주의 독특한 맛과 향기를 내는 중요한 부분이다. 우리 나라에서는 강원도 대관령, 진부령 등지에서 재배하고 있다. 맥주의 원료로 사용되는 부분은 작은 솔방울 모양의 연두색 암꽃이며, 8월에 수확해서 건조, 가공시켜 맥주의 원료로 사용한다.

**호프(Hop)의 작용**

· 맥주의 독특한 맛과 향을 낸다.
· 맥주에서의 거품을 보다 좋게 만들며, 맛과 향이 날아가는 것을 막는다.
· 효모 및 미생물의 활동을 억제시킨다.
· 불면증 및 이뇨(利尿) 작용에 도움을 준다.

## (4) 저장 및 숙성공정(후발효)

발효공정을 거친 미성숙된 맥주는 다시 대형 저장탱크에 넣어서 숙성과
정을 거치게 되는데 여기서는 맥주의 이물질을 가라앉히면서 맥주를 맑게
하고 탄산가스가 맥주 속에 녹아들어 비로소 맥주다운 맥주가 만들어지게
되는 것이다. 이것을 후발효라 하며 상품에 따라 1~3개월 정도 숙성과정
을 거친다. 맥주의 맛과 향은 바로 이 후발효에서 결정된다.

## (5) 여과 → 병입

맥주가 용기나 병 또는 캔에 담겨지기 전에 미세한 필터로 여과과정을
거치고 섭씨 60도에서 저온살균(pasteurized) 과정을 거친 맥주를 라거 비어
(Lager Beer)라 하고, 저온살균 과정을 거치지 않은 생맥주를 드래프트 비
어(Draft Beer)라고 하는데 보통 생맥주는 저장맥주보다 보존기간이 짧다.

## 4) 분류

### (1) 살균처리에 따른 분류

① Lager Beer(라거 비어, 저장맥주)

독일어의 Lagern(라겐, 저장하다)에서 비롯된 말로 여과기를 통한 여
과과정을 거친 후 다시 저온 살균처리를 시켜서 효모나 미생물을 제거한
장기간 보관하면서 마실 수 있는 저장맥주를 말한다. 국내 유통되고 국
산 병맥주와 캔맥주의 대부분이 그것이다. 제품에 따라 6~12개월 정도
보관 가능하다.

② Draft Beer(드래프트 비어, 생맥주)

저온살균처리를 하지 않고 미세한 여과기로만 여과시켜 효모나 미생물
이 살아있는 상태의 맥주를 말하며 영업장에 들여놓는 생맥주통(Keg)은
일주일이 지나기 전에 마시는 것이 좋다.

### (2) 침전방식에 따른 분류

① 하면 발효맥주(Bottom Fermented Beer)

발효 중 밑으로 가라앉게 되는 하면효모를 사용하여 저온(5~10℃)에

서 발효시킨 맥주로, 대부분의 맥주가 하면 발효맥주이다. Bock, Dortmunder, Pilsner, Lager, Draft 등이 여기에 속한다.

② 상면 발효맥주(Top Fermented Beer)

발효 중 표면에 떠오르는 상면효모를 이용하여 고온(15~25℃)에서 발효시킨 맥주로 알코올 도수가 높고 맛과 향이 진한 것이 특징이다.

- **Ale(에일)**

  저장맥주인 Lager Beer보다 알코올 도수가 강하며 호프와 접촉시간을 길게 하여 만들었기 때문에 짙은 호프의 향과 쓴맛이 나며 미국에서는 높은 온도에서 발효시킨다. 나라로는 영국이 유명하다.

- **Porter(포터)**

  런던에 화물을 운반하는 포터들이 즐겨 마셨다 하여 붙인 이름으로 에일에 비해 호프의 맛이 약하며 알코올 도수가 낮은 편이다.

- **Stout(스타우트)**

  영국에서 만들어지는 맥주로 볶은 맥아를 원료로 해서 맥아와 호프의 맛이 강하게 나며 알코올 도수가 높은 흑맥주이다. 우리가 알고 있는 Guinness(기네스) 사가 이 스타우트 맥주로 유명하다.

## 5) 저장 및 관리

① 너무 장기간의 저장과 직사광선에 노출시키는 것은 피한다.

② 5~20℃의 실내온도에서 통풍이 잘 되고 직사광선을 피할 수 있는 지하실에 보관한다.

③ 습기가 없는 건조한 장소에 보관한다.

④ 진동이나 충격을 주지 않고, 얼리지 않도록 한다.

⑤ 생맥주 관리에선 온도와 압력, 청결(위생) 등 세 가지 원칙에 신경 쓴다.

⑥ 생맥주는 FIFO(First-In, First-Out)의 원칙이 잘 이루어져야 한다.

⑦ 기름기가 묻어 있지 않은 청결한 글라스를 사용한다.

⑧ 맥주를 따를 때는 글라스 위로 충분한 거품이 일어나게 따르며 시원하게 들이키는 것이 맥주의 제 맛을 느낄 수 있는 방법이다.

# 2. 포도주(Wine)

## 1) 정의

와인은 과일을 발효시켜서 만들며(대부분이 포도이다), 제조과정에서 물은 전혀 사용되지 않는다(심지어 포도를 씻지도 않고 통에서 으깬다). 와인은 알코올 함량이 적고 유기산과 무기질이 파괴되지 않은 채 포도에서 우러나와 포도가 가지고 있는 영양분을 그대로 간직하고 있는 발효주이다. 포도로 만든 와인을 흔히 와인이라고 말하며, 그 밖의 과일을 사용해서 만들었을 땐 재료의 이름을 앞에 붙여 부른다.

## 2) 제조방법

와인은 수확한 포도를 즙을 내서 큰 통에 담아 발효과정을 거치는데, 약 1주일이면 발효는 절정에 달하며 지역에 따라 약간의 차이는 있지만 약 4주간 발효시킨 후 걸러서 다른 통에 옮겨져 지하 창고에서 숙성기간을 거치게 되며 일정기간이 지나면 침전물을 제거시켜 정화된 와인은 다시 몇 년간 숙성기간을 거쳐 판매된다. 와인은 크게 포도품종, 토양, 일조량, 기온 등에 따라 성격이나 품질을 달리 한다.

① Red  Wine

　수확→파쇄→발효(껍질, 씨 포함)→압착→숙성→여과→병입

② White  Wine

　수확→파쇄→압착→발효(껍질, 씨 제거)→숙성→여과→병입

## 3) 분류

### (1) 색에 의한 분류

① Red Wine(레드 와인)

흑색포도를 껍질과 함께 즙을 내어 발효시켜서 만들며, 껍질에서 우러나온 색으로 인하여 적색이 나게 된다. 타닌성분이 포함되어서 떫은 맛이 나며, 육류와 같은 무거운 음식과 어울린다.

② White Wine(화이트 와인)

백색 포도와 청포도를 주원료로 사용하여 만든 와인으로 포도를 파쇄, 압착하여 껍질을 제거한 후 발효시킨 포도주이다. 어류와 같은 부드러운 음식과 어울리며, 식전주(食前酒)로도 가볍게 마실 수 있는 와인이다.

③ Pink Wine · Rose Wine(핑크 · 로제 와인)

흑색포도를 일정기간 동안 껍질과 함께 넣어 발효 도중에 껍질을 제거한 포도주이다. 중간성격을 띠며 어떤 음식에나 잘 어울려서 식전 · 식후에 관계없이 마실 수 있는 와인이다.

### (1) 맛에 의한 분류

① Sweet Wine(스위트 와인)

완전히 발효를 하지 않고 중간에 중지시켜 당분이 남아 있는 것과 당분을 가당(加糖)시킨 것 등 두 가지 방법으로 생산된 스위트한 와인을 말한다.

② Dry Wine(드라이 와인)

완전히 발효를 시켜서 와인 속에 당분이 거의 남아있지 않은 상태로 드라이한 와인을 말한다.

### (3) 알코올 첨가 유무에 의한 분류

① Fortified Wine(강화와인)

와인에 증류주를 첨가한 와인을 말하며, 종류로는 Sherry Wine, Port Wine, Vermouth, Dubonnet 등이 있다.

② Unfortified Wine(비 강화와인)

증류주를 첨가하지 않은 순수한 와인을 말한다.

## (4) 탄산가스 유무에 의한 분류

① Sparkling Wine(발포성 와인)

와인 제조과정에서 발생하는 탄산가스를 보존하여 마시는 와인을 스파클링 와인(Sparkling Wine)이라고 하며, 대표적으로 프랑스 샹파뉴(Champagne)지방에서 생산되는 샴페인이 유명하다. 스파클링 와인은 2차 발효과정에서 자연적으로 병 속에서 탄산가스가 발생하게 하는 방법과 발효과정이 끝난 와인에 인위적으로 탄산가스를 주입하는 방법이 있다.

② Still Wine(비발포성 와인)

탄산가스가 없는 비발포성 와인을 말한다. None Sparkling Wine이라고도 부른다.

## (5) 가향 유무에 의한 분류

① Natural Wine(무가향 와인)

② Flavored Wine(가향 와인)

가향 와인은 발효 전후에 과즙 및 천연의 향을 첨가하여 향을 더욱 좋게 한 와인을 말한다.

## (6) 식사용도에 의한 분류

① Aperitif Wine(食前酒)

식사를 하기 전에 Appetizer(애피타이저)와 함께 마시는 와인을 말한다. 입맛을 돋우는 역할을 하며, 식전와인으로 Sherry(세리), Vermouth(버무스) 등과 몇몇 White Wine(화이트 와인)을 마시면 적당하다.

② Table Wine(食中酒)

식사와 함께 마시는 와인을 말하며, 음식과 함께 마시므로 음식과 조화를 맞춰서 마신다.

③ Dessert Wine(食後酒)

식후에 디저트와 함께 마시는 와인이므로 브랜디나 과즙을 넣어 알코올 함량과 단맛을 높인 와인이 적당하며, Brandy, Port Wine, Sweet Wine 등이 적당하다.

## (7) 수확연도 표시유무에 의한 분류

① Vintage Wine (빈티지 와인)

풍년이 든 그 해의 포도로 만든 포도주를 말하며, 라벨에 수확연도 표시가 되어 있는 것이 특징이다.

② None Vintage Wine (난 빈티지 와인)

# 4) 나라별 포도주

## (1) 프랑스 와인

1935년 원산지 명칭 통제법(A.O.C.: Appellation d'Origin Controlee)을 실시하여 생산지, 포도품종, 경작법, 알코올함유 등을 규제하여 병 라벨에 표시하는 제도를 말한다. 그리고 보르도(Bordeaux) 지방의 Red Wine을 영국사람들은 클라렛(Claret)이라고 부른다.

## (2) Champagne(샴페인)

포도의 껍질을 벗기고 발효시켜 백포도주를 만든 후 당분을 첨가하여 병 속에서 재발효(2차 발효)를 시킨다. 이때 자연적으로 탄산가스가 생겨나며, 이런 와인을 발포성 와인 또는 스파클링 와인(Sparkling Wine)이라고 하며, 프랑스의 샹파뉴(Champa-gne)지방에서 생산되는 와인만을 샴페인이라고 말한다. 샴페인을 처음 발명한 사람은 프랑스의 수도사 Dom Perignon(동 페리뇽: 1639~1715)이다.

## (3) Sherry Wine(셰리와인)

Sherry Wine은 스페인 북부 헤레스(Jerez)지방에서 생산되는 강화와인(Fortified Wine)으로 라틴(Latin)어로 Xeres라 불렸으며 Sherry를 생산하는 Jerez지방에서 가 14세기 영국으로 수출하면서부터 영어로 Sherry라고 헤레스(Jerez)지방에 불리게 되었다. 셰리와인(Sherry Wine)은 영국사람들이 식전주로 가장 즐겨 마시는 술이며, 현재도 영국으로 제일 많이 수출하고 있다. 셰리(Sherry)는 발효를 끝낸 와인에 약간의 브랜디를 첨가하여 알코올 도수를 높인 강화와인(Fortified Wine)이다.

## (4) Port Wine(포트와인)

포르투갈의 도루(Douro)지방에서 생산되는 와인으로 발효된 와인에 브랜디를 첨가하여 알코올 도수를 20도 내외로 만든 강화와인(Fortified Wine)이다. 알코올이 높고 스위트하기 때문에 식후주로 많이 마신다. 포트와인의 종류로는 Ruby Port(루비 포트), Tawny Port(토니 포트), White Port(화이트 포트) 등이 있다.

## (5) Vermouth(베르무트)

버무스(Vermouth)는 발효하지 않은 포도즙을 브랜디와 수십종의 약초, 향초를 넣어 알코올을 강화한 포도주이다. 세계적으로 이탈리아산 버무스 제품이 유명하고, 프랑스 제품인 노일리 프랏(Noilly-Prat)은 담색에 무감미로 드라이한 것이 특징이다. 베르뭇 또는 베르무트라고 발음하기도 한다.

① **Italian Vermouth**
- Martini(마티니)
- Chinzano(진자노)

② **French Vermouth**
- Noilly Prat(노일리 프랏)

## 5) 식사와 음료

프랑스 샴페인 당도 표시

| 프랑스어 표기 | 당도 함유량 |
|---|---|
| Brut(브뤼) | 1%미만으로 매우 Dry 하다. |
| Extra Sec(엑스트라 섹) | 1%~2%로 Dry 하다. |
| Sec(섹) | 2~4% |
| Demi Sec(드미 섹) | 4%~6%로 Sweet 하다. |
| Doux(두) | 8~10%로 매우 Sweet 하다. |

## （1） 식전주(食前酒)

식전주로 주로 Vermouth, Sherry 등을 마시며 칵테일로는 Martini, Manhattan 등을 마시기도 한다.

## （2） 식중주(食中酒)

생선 등의 해산물에는 White Wine을 육류에는 Red Wine을 주로 마신다.

## （3） 식후주(食後酒)

포트와인(Port Wine)이나 브랜디(Brandy), 리큐르(Liqueur) 등을 마신다.

## （4） 제공 온도

- Red wine : 17~19℃ 정도의 실온에서 제공
- White wine : 5~10℃
- Champagne : 4~6℃

## （5） 저장 및 보관

- 와인보관은 10~12℃ 정도의 서늘한 곳에 저장한다.
- 와인은 눕혀서 보관한다. 왜냐하면 코르크 마개가 건조해지면 틈 이 생겨 공기가 들어오게 되고 와인이 식초처럼 산화되기 때문이다.
- 제일 중요한 것은 일정 온도를 유지하는 것이며 진동이 없고 습하지 않은 곳에 둔다.

### 디켄터(Decanter)

오래 숙성된 와인에서 나오는 찌꺼기를 제거하고 맛과 향을 좋게 하기 위해 와인 병에서 옮겨 붓기 위해 사용되는 유리 또는 크리스탈 병을 말한다.

### 아로마(Aroma)와 부케(Bouquet)

아로마(Aroma)는 물질이 가지고 있는 고유 향기이다. 예를 들면 장미향, 과일향 등 자연 상태의 향기를 말하며, 부케(Bouquet)는 화학적 작용에 의해서 발생된 새로운 향기를 말한다.

그리고 플레이버(Flaver)는 가향 즉 입힌(첨가한) 향기를 말한다.

### 마스터 블렌더(Master Blender)와 테이스터(Taster)

포도주는 포도 품종과 수확 연도에 따라 그 맛과 향이 일정하지 않기 때문에 서로 다른 포도주끼리 섞어 균일한 맛과 향기를 낸다. 위스키나 브랜디도 블렌딩을 하기 때문에 제조회사에선 제품의 균일한 맛과 향이 나도록 배합, 조절 등을 하는 사람을 마스터 블렌더(Master Blender)라고 한다. 테이스터(Taster)는 포트 와인의 컬러, 향, 맛, 당도 등을 일정하게 블렌딩하는 블렌더를 말하며, 그 의미는 비슷하다.

# 제 3 절 증류주(蒸溜酒 : *Distilled Liquor*)

## 1. 개 관

### 1) 정의

발효주를 증류한 술을 증류주라 하며, 알코올 도수가 높고, 잘 변하지 않는 특징이 있다. 화주(火酒)라고도 말하며, 소주, 고량주, 위스키, 브랜디 등이 있다.

#### ■ 증류란?

증류란 발효한 술(발효주 또는 양조주)을 가열하여 농축시키는 것을 말한다.

발효주 속의 알코올과 물은 끓는 온도가 달라서(알코올은 78℃이고, 물은 100℃이다) 가열시키면 알코올이 먼저 증발하기 때문에 이 증기를 모으면 고농도의 알코올(증류주)이 되는 것이다.

#### ■ 발효주와 증류주의 관계

발효한 술을 발효주라 하며, 그것을 증류한 것을 증류주라고 한다. 정리하자면 포도를 발효해서 만든 술이 포도주이며, 이것을 증류해서 만든 술이 브랜디인 것이다. 그리고 보리(맥아)를 발효해서 만든 것이 맥주이며, 이것을 증류해서 만든 것이 몰트 위스키이다.

## 2) 증류방법

### (1) 단식증류기(Pot Still)

단식증류는 시설이 간단하여 시설비가 적게들며 원료의 맛과 향이 적게 파손되므로 중요한 주성분을 얻는데 이점이 있지만, 시간과 노동력이 많이 들어가고, 대량 생산이 불가능해서 비능률적이다.

- **밀폐된 솥과 관으로 구성**

장점 : 시설비가 적게 들고, 맛과 향이 적게 파손된다.

단점 : 대량생산 불가능하고, 고농도 원액 추출이 불가능하다.

### (2) 연속식 증류기(Patent Still, Continuous Still)

높은 온도에서 연속적으로 대량생산할 수가 있으며, 생산원가가 단식 증류 보다 적게 든다. 순수 알코올에 가깝게 만들 수 있으나 중요한 성분을 잃기 쉽고, 시설비가 많이 드는 단점이 있다.

- **1831년 Aeneas Coffey(애니어스 코페이)에 의해 개발**

장점 : 대량생산 가능하고, 연속작업을 할 수 있다
(고농도 원액 추출 가능).

단점 : 시설비가 많이 들고 주요성분의 맛과 향이 파손될 위험이 크다.

## 2. 위스키(*Whisky*)

위스키는 곡물인 보리, 옥수수, 호밀, 밀 등을 싹을 내거나 갈아서 발효과정을 거쳐 단식 증류법과 연속식 증류법을 사용하여 증류, 숙성시킨 증류주이다. 숙성은 일정기간 오크(Oak)통에 담아 숙성시키는데 이 기간에 나무로 된 술통에서 우러나온 액과 증류주가 혼합되어 위스키 특유의 맛과 향, 그리고 색이 나게 되며 오랜 기간 저장하면 할수록 짙은 향과 색, 독특한 맛이 생긴다. 이렇게 숙성기간을 거친 증류주는 물에 희석시켜서 알코올 도수를 낮추어 병에 담겨지게 되며, 중성곡주(Neutral Grain Spirits)를 혼합하여 병에 담겨지는 위스키를 블렌디드 위스키(Blended whisky)라고 한다. 아일랜드와 미국은 Whiskey로, 스코틀랜드와 캐나다는 Whisky로 표기하며, 뜻은 같다.

### 1) 제조방법에 따른 분류

### (1) 몰트 위스키(Malt Whisky)

보리에 싹을 낸 맥아(malt)를 단식 증류기(Pot Still)로 증류하여 만든 위스키를 말하며, 맛과 향이 강한 것이 특징이다. 한 증류소에서 단일원액으로만 만든 위스키를 싱글 몰트 위스키(Single Malt Whisky)라고 하며, 각기 다른 증류소에서 생산된 몰트 위스키를 섞은 것과 싱글 몰트 위스키 두 가지의 뜻을 포함한 것을 퓨어 몰트 위스키(Pure Malt Whisky)라고 한다.

### (2) 그레인 위스키(Grain Whisky)

옥수수, 보리 등의 곡물(grain)을 원료로 발효, 증류시킨 위스키를 말한다. 증류는 연속식 증류기(Patent Still)로 증류하며, 주로 몰트 위스키와 블렌딩(Blending)할 목적으로 제조한다.

## (3) 블렌디드 위스키(Blended Whisky)

몰트 위스키와 그레인 위스키를 혼합한 위스키로 대부분의 위스키가 여기에 해당된다.


## 2) 스카치 위스키(Scotch Whisky)

위스키의 유래는 분명하지는 않으나 중세 십자군 전쟁(1096~1270) 중 서양에 전달된 동방의 증류 기술이 연금술사들을 통해 북부 아일랜드에 전래되어 맥주를 증류한 술이 만들어지면서 시작된 것으로 추정된다. 이것이 스코틀랜드로 전파되어 더욱 확산되고 발전하였다. 증류주를 라틴어로 생명의 물(Water of Life)이라는 뜻인 '아쿠아비테(Aqua-Vitae)'라고 하였는데, 이것이 북부 아일랜드 언어(켈트어)로 번역되어 '위스게 바(Ulisge-beatha)'로 불려지다가 뒤에 위스키(Whisky)로 바뀌게 되었다.

위스키가 언제부터 제조되기 시작하였는지 정확히 알 수는 없지만 1171년 잉글랜드의 헨리 2세가 아일랜드를 침공했을 때 그 지방 사람들이 '아스키보'라는 술을 마시고 있었다는 위스키에 관한 기록이 있으므로 그 이전에 제조가 시작된 것으로 추정된다. 처음 위스키의 색깔은 무색 투명하였으나, 18세기 말경 스코틀랜드에서 호박색을 띤 위스키가 등장하게 되었다. 스코틀랜드의 하이랜드(Highland) 사람들은 추운 겨울을 이기기 위해 농가에서 자가 소비용으로 위스키를 조금씩 담기 시작하였는데 규모가 차츰 확대되자 스코틀랜드와 잉글랜드가 합병하여 탄생된 대영제국 정부에서 술에 대한 세금을 큰 폭으로 높였다(1643년). 종전의 15배나 되는 세금을 피하기 위해 증류업자들은 하이랜드(스코틀랜드 북부)의 산간 깊숙이 들어가 밀조를 하였다. 이때 밀조자들은 맥아를 건조시키는 연료로 피트(peat)를 사용하고 셰리를 담았었던 헌 통에 위스키를 보관하였는데, 이로 인해 셰리통의 목향 및 목질성분, 피트향이 술과 융합되어 위스키는 독특한 맛과 향을 갖게 되고 황갈색으로 착색되었다. 그 후 영국정부의 설득과 압력으로 밀조자들은 차츰 정식허가를 얻어 제조장을 설치하게 되었다. 스카치 위스키의 독특한 맛과 향은 바로 많은 양의 토탄(peat)이 묻혀있는 지하에서 나오는 지하수와 발아된 맥아를 토탄(peat)으로 태워서 건조시킨 피트향, 그리고 셰리(Sherry)를 저장하였던 헌 오크통의 여러 성분으로 인해서 오늘날의 스카치 위스키의 기본조건이 되어 계속 이어지고 있다. 19세기 초까지만 해도 단식 증류법으로 생산해오던 위스키를 1826년 스코틀랜드인 로버트 스테인(Robert Stein)이 연속 증류기를 처음 고안하여 설계한 것을 애니어스 코페이(Aeneas Coffey)가 부족한 부분을 개량하여 1831년에 특허를 받았다. 이 증류기를 특허 받은 증류기라 하여 Patent Still(Continuouse Still)이라고 한다. 이러한 연속식 증류기가 발명되면서 대량생산이 가능하게 되었고 연속식 증류기로 생산한 중성곡주(Neutral Grain Spirits)는 알코올 농도가 100%에 가까운 순수한 에틸 알코올로 만들어져 Malt whisky와 함께 블렌딩하여 전보다 부드러운 맛이 나는 질이 좋은 위스키를 생산하게 되었다.

## (1) 제조방법

① 맥아제조(malting)와 피트(peat)건조 : 보리→발아→건조

보리를 물에 담가서 2~3일간 불린다(침전). 물에 불린 보리를 따뜻한 콘크리트 바닥에 펼쳐 놓고 적정한 온도와 습도를 맞추어 8~10일간 발아시킨다. 싹이 난 보리는 이제 보리가 아닌 맥아 또는 엿기름이라고 한다. 이 파랗게 싹이 난 맥아를 Green Malt라 하며 이 과정에서 당분과 효소가 생기는데 이것은 발효를 시키는데 결정적인 역할을 하게된다. 맥아는 토탄(peat)을 태워 그 연기로 맥아를 훈연, 건조시키는데 이것이 스카치 위스키의 독특한 맛을 내는 결정적인 원인 중 하나가 된다.

② 당화(mashing) : 분쇄·제분→당화

건조된 맥아를 제분기로 갈아서 분말로 만들고 큰 매쉬통에 끓은 물과 함께 넣고 잘 저어서 끓인다. 이 과정에서 효소와 당분이 우러나게 되며 이렇게 만들어진 맥아즙을 워트(wort)라 하며 냉각과 여과를 거쳐 발효통으로 넘겨진다.

③ 발효(fermentation)

wort(워트)는 대형 발효조에 넣고 부족한 당분과 효모(yeast)를 첨가하여 약 3일간 발효시키면 묽은 맥주와 같은 액체가 생성되는데 이것을 워시(wash)라 한다. 알코올 도수가 낮은 wash는 다음 단계인 증류기로 넘겨진다.

④ 증류(distillation)

증류는 단식 증류법을 사용하며, 2~3회 반복 증류시킨다. wash를 증류기에 넣고 불을 피워 열을 가하면 기체화된 워시는 냉각기를 거치는 동안 액체로 변한다. 이렇게 액체화 된 것이 Malt whisky의 원액이며 처음 증류한 원액은 알코올 도수가 30~40도로 낮아 다시 증류하게 되는데 1차 증류가 끝나면 증류기 안에 있는 모든 찌꺼기를 제거시키고 2차 증류를 하면 알코올 도수가 50~65도 정도가 된다.

⑤ 숙성(maturation)

증류를 마친 원액은 Sherry를 담았던 오크통 또는 미국산 오크통에 담겨져 숙성기간을 보내게 되는데 최하 3년 이상을 거치게 되며 숙성과정에 오크통에서 우러나온 액과 색이 스카치 위스키에 독특한 맛과 향을 만들어 낸다. 스카치 위스키는 법적으로 스코틀랜드에서 95도 이하로 증류하고, 오크통에서 3년 이상 숙성시켜야 스카치 위스키라고 할 수 있다. 보통 스텐다드(standard)는 5~10년, 프리미엄(premium)은 12년 이상이다.

⑥ 혼합(Blending) : 혼합→병입

블렌딩은 매우 중요하다. 오랜 경험과 고도의 맛과 향을 식별할 수 있는 기술자에 의해서 혼합되며 제조회사마다 자사 제품의 독특한 맛과 향이 계속 똑같이 유지되어야 하기 때문에 매우 중요한 과정이며, 요직이다. 숙성기간을 거친 Malt whisky는 물과 희석시켜서 병에 담겨지기도 하지만 많은 위스키는 중성곡주(Neutral grain whisky)를 혼합하여 병에 담는데, 이러한 위스키를 블랜디드 위스키(Blended Whisky)라고 한다.

## (2) 용어

### ① Blending(블렌딩)

Malt Whisky와 Grain Whisky를 섞는 것 또는 섞는 작업을 말한다.

대부분 30여 종류의 몰트위스키 원액과 몇 가지 그레인위스키 원액을 적당한 비율로 블렌딩한 후 물을 첨가하여 희석시킨다. 제품의 질은 주로 몰트위스키에 의해 좌우된다.

### ② Vatting(배팅)

Malt Whisky와 Malt Whisky를 섞는 것 또는 섞는 작업을 말한다.

### ③ 희석

위스키 원액을 물(증류수)로 희석시키는 것을 말한다.

### ④ Peat(피트)

헤더(Heather)라는 식물이 탄화된 토탄의 일종으로 이탄(泥炭)이라 부르기도 한다.

### ⑤ Marring(매링)

블렌딩한 위스키 원액이 서르 잘 조화될 수 있도록 일정기간 통 속에 저장시키는 것을 말한다.

## (3) 종류

### ① **Malt Whisky**

### Glenfiddich (글렌피딕)

제조회사 : *William Grant's & Sons Ltd.*

　하이랜드에서 생산하는 Single Malt Whisky로 1887년 Victoria 여왕 즉위 50주년을 기념하여 그 해 성탄절에 첫선을 보인 프리미엄급 스카치 위스키이며, Glenfiddich는 게일어로 사슴이 있는 골짜기(글렌은 좁은 계곡이고, 피딕은 사슴을 뜻한다)라는 뜻으로 상표에는 사슴이 그려져 있다. 제품으로는 12년산과 18년산이 있다.

### Glenlivet (글렌리벳)

제조회사 : *The Glenlivet Whisky Co. Ltd*

　켈트어로 완만한 계곡이란 뜻을 가지고 있는 이 위스키는 풍미의 조화가 잘 이루어진 제품으로 평가받고 있으며 스코틀랜드 최초의 정부등록 증류공장을 가지고 있다.

### Ambassador (앰베서더)

제조회사 : *Taylor & Ferguson Ltd.*

　앰베서더라는 이름은 20세기 초 영국주재 각국 대사가 위스키 산업의 중심지인 글라스고우에 모여서, 수많은 위스키 중에서 영국을 대표하는 위스키를 선발하였는데, 그 결과 테일러 앤드 퍼거슨(Taylor & Ferguson)社의 위스키가 선발되었다. 이때부터 이 회사는 앰베서더(Ambassador, 대사)라는 이름을 사용하게 되었다. 종류로는 수출전용 제품인 Deluxe(딜럭스), Embassy(엠버시)와 Royal(12년), Twenty Five(25년) 등이 있다. 현재 주류 대기업인 Allied Lyons(얼라이드 라이온스) 그룹에 속해 있다.

## ② **Blended Whisky**

Ballantine's
17Y

### Ballantine's (발련타인스 )

제조회사 : *George Ballantine & Son Limited Distillers*

　　1827년 농부였던 George Ballantine(조지 발렌타인)이 에든버러로 나가 식품점을 창업한 것이 시초이며, 처음에는 위스키를 취급하지 않다가 1872년 아들이 글라스고우에 지점을 설치하고 위스키를 생산하면서부터 판매하기 시작하였다. 그는 독자적으로 블렌딩하여 통속에서 1년 동안 숙성시킨 뒤 판매하였다. 그 후 1919년 발렌타인 회사는 맥킨리라는 사업가에게 넘어가게 되었고 1937년 캐나다의 주류 회사인 하이램 워커(Hiram Walker)사가 인수하여 현재에 이르고 있다. 발렌타인에는 재미있는 일화가 있는데 그 당시 위스키 숙성창고에 도둑이 자주 들어 위스키를 훔쳐가자 거위 100여 마리를 키워 창고 주위에 낯선 사람이 나타나면 거위들이 집단으로 짖어대며 공격을 가하여 좀도둑들의 침입을 각아냈다는 일화가 있다. 발렌타인스 제품은 Finest(6년산), Gold Seal(12년산), 15년, 17년, 21년, 30년산이 있다.

## Black & White (블 랙 앤 화이트 )

제조회사 : *James Buchanan & Co., Ltd.*

　　제임스 부케넌은 1879년 런던에서 찰스 메킨리의 위스키 대리점에서 일하다가, 1884년 독립해서 자신의 이름으로 회사를 세우고 처음에는 통으로 그 후 병으로 판매하여 위스키 업계에서 시장을 확보하였다. 처음 상표명은 자신의 이름(제임스 부케넌)으로 하였으나, 검은 병에 흰 상표 때문에 사람들이 Black & White라 불러 1904년엔 정식으로 상표명을 Black & White로 바꿨고, 평소에 애완용 동물을 좋아하던 부케넌은 희고 검은 한쌍의 고양이를 마스코트로 삼아 상표에 사용하였다. 종류로는 Select, Premium(12년산), The Royal Household 등이 있다.

Bell's

### Bell's (벨스 )

제조회사 : *Arthur Bell & Sons Ltd.*

1825년에 토마스 샌더맨 이라는 위스키 판매상회에서 시작하였고, 품질이 낮아 비교적 값이 싼 일반 대중적인 위스키였다. 1840년 아더 벨(Arthur Bell)이 취직하면서 1851년에는 상호에 Arthur Bell(아더 벨)이라는 이름이 들어가 동업자 겸 회사 대표자가 되었다. 1865년부터 벨은 자신이 블렌딩한 위스키를 판매하기 시작하였고, 마침 이 시기에 블렌디드 스카치 위스키가 호황기를 맞게 되어 위스키가 많이 알려지게 되었다. 나중에는 아들까지 회사 경영에 참가하여 상호를 Arthur Bell & Sons(아더 벨 앤드 선즈)라고 하였다. 1930년대부터 증류공장을 인수하여 우수한 몰트 위스키를 확보하여 좋은 제품을 만들고 있다. 벨(Bell)이란 상호는 창업자의 이름에서 유래된 것이지만, 종이라는 이름과도 같아 1930년대부터 종모양의 병에 담은 위스키도 판매하고 있다. 제품으로는 Extra Special, Special Reserve, Deluxe(12년산), Royal Reserve(20년산) 등이 있다. 현재는 맥주회사인 기네스사에 흡수되어 세계 제1의 위스키 회사인 United Distillers(유나이티드 디스틸러스) 그룹에 속해 있다.

### Chivas Regal (시바스 리갈)

제조회사 : *Chiavas Brothers Ltd.* 1801년에 설립

우리 나라에 가장 많이 알려진 스카치 위스키 시바스 리갈은 '시바스 가문의 왕' '시바스의 왕자' 라는 뜻이다. 시바스 리갈은 하이랜드(Highland)에서 가장 오래된 증류소를 가지고 있는 것으로 유명하며, Chivas Regal은 국왕을 지키는 기사들이라는 의미가 담겨져 있어 상표에 칼 두 자루와 방패가 그려져 있는 것은 1843년 빅토리아(Victoria) 여왕시대 기사들이 여왕에게 충성을 다한다는 표시라고 한다. 일화로 시바스 리갈은 고(故) 박정희 대통령이 죽는 순간까지 평소에 즐겨 마셨던 술로 유명하다. 종류로는 Premium(12년산), Rare Old(18년산) 등이 있다.

Chivas Regal 12Y

## Cutty Sark (커티 삭)

제조회사 : *Berry Bros & Rudd Ltd.*

Cutty Sark

Cutty Sark은 18세기 스코틀랜드의 작가 Robert Burns의 작품 Tam O'Shanter에 나오는 짧은 속치마를 입은 아름다운 미녀들이 말보다 빨리 달린다는 전설에서 유래되어 1869년 스코틀랜드에서 그 당시 세계에서 가장 빠른 속도를 내는 범선을 만들어 Cutty Sark이라는 이름을 붙였다는 일화가 있다. 1919년부터 미국의 금주법으로 스카치 위스키의 수출이 부진하였을 때 베리 브라더스 앤드 러드(Berry Bros & Rudd)사는 미국의 금주법이 조만간 해제될 것으로 믿고 금주법 해제 후 미국시장을 겨냥한 제품을 개발, 미국인의 취향에 맞게 약하게 만들고,

Cutty Sark Original

캐러멜 색소도 첨가하지 않은 연하고 부드러운 Light Body Whisky인 Cutty Sark을 만들었다. 상표색깔도 눈에 띄는 노란색으로 제작하였다. 제품으로는 Standard(6년산), Emerald(12년산), Discovery(18년산), Golden Jubillee(50년산) 등이 있다. 아울러 커티 삭은 1956년 커티 삭 범선 항해대회(Cutty Sark Tall Ships Races)를 시작하여 1972년 Cutty Sark Whisky의 공식 협찬으로 세계에서 가장 규모가 큰 국제적인 범선 항해대회 행사로 25세 미만의 젊은이들이 전세계에서 3,000여 명이나 참가하는 대규모 행사를 하는 것으로도 유명하다.

## Dimple (딤플)

제조회사 : *John Haig & Co., Ltd.*

헤이그 가문에서 유래되어 '헤이그'로 불리다가 미국에서는 핀치(Pinch), 다른 지역에서는 딤플(Dimple, 보조개)이라는 애칭으로 불려지자 상품명을 딤플로 이용했다. 미국에서는 지금도 핀치로 상표화 되어 있다.

Dimple

Grant's

### Grant's (그 랜즈)

제조회사 : *William Grant's & Sons Ltd.*

창업자 윌리엄 그랜트(Willam Grant)는 하이랜드 증류공장에서 종업원으로 일하다가 따로 독립하여 공장을 세웠다. 그는 카듀 증류공장에서 중고품 증류장치를 구입하여 1880년부터 생산하여 1887년부터 시판하기 시작하였다. 현재 4개의 증류공장을 운영하면서 블렌디드 위스키를 만들고 있다. 하이랜드에서 생산하는 품질 좋은 Malt Whisky에 Grain Whisky를 블렌딩한 스카치 위스키로 Finest(6년산), Grant's Classic(18년산) 등이 있다.

**J&B Rare**

### J&B (제이 앤 비)

제조회사 : *Justerini & Brooks Ltd.*

이 회사는 1749년 쟈코모 저스테리니란 이탈리아 청년이 애인을 따라서 런던으로 가면서 시작된다. 그는 오페라 가수와 연애를 하고 있었는데, 그녀의 런던 공연에 따라가면서, 이탈리아에서 미리 술 만드는 방법을 적어서 가지고 갔다. 런던에서 장기간 체류하게 되자, 그는 사무엘 존슨이라는 무용단장과 합작하여, 존슨 앤 저스테리니란 회사를 차렸다. 사업은 잘 되어 영국왕 조지 3세 때 왕실납품처로 지정까지 받았다. 1760년 저스테리니는 회사를 존슨에게 매각하고 이탈리아로 돌아가고 회사는 존슨의 후계자가 운영하다가 1831년 알프레드 브룩스에 매각되어 회사명이 현재의 저스테리니 앤 브룩스(Justerini & Brooks)가 되었다. 1880년대에는 Blended Scotch Whisky를 제조 판매하였고, 제2차 세계대전 후에는 세계적으로 인기가 있는 술이 되었다. J&B는 지금의 엘리자베스 여왕에 이르기까지 200여 년간 영국왕실의 공식 위스키로 자리를 지켜오면서 5차례나 국왕 수출 대상을 받은 Light Body Whisky로 하이랜드 40여 증류소에서 생산하는 품질이 좋은 Malt Whisky에 중성곡주를 블렌딩하였고, 캐러멜 색소는 사용하지 않아 색이 연하고 맛이 부드러운 것이 특징이다. J&B는 영국왕실의 품격과 맛을 지켜온 공로를 인정받아 영국왕실 문장을 사용할 수 있는 특권을 부여받아 병 라벨에 왕실의 문장이 있다. 제품으로는 J&B Rare(6년산), J&B Jet(12년산), 그리고 15년산 등이 있

## Johnnie Walker (조 니 워 커)

Johnnie Walker
Black Label

제조회사 : *John Walker & Sons Ltd.*

　　1820년 스코틀랜드 동남부에 위치한 Ayrshire의 중심지 킬마녹(Kilmarnok)에서 존 워커(John Walker)가 잡화점을 매입하여 위스키를 판매하기 시작하였다. 1850년부터 아들 알렉산더 워커(Alexander Walker)와 함께 위스키를 블렌딩하여 도매를 하면서부터 사업이 번창일로에 있었으나 1852년에 엄청난 폭우가 쏟아져서 킬마녹 전체를 휩쓸어 버렸다. 그러나 Alexander Walker는 이에 굴하지 않고 다시 사업을 일으켜 1886년 런던에 대리점을 차려 위스키를 판매하면서부터 Johnnie Walker는 널리 알려지게 되었다. 조니워커 위스키의 심벌은 상업미술가 톰 브라운에게 의뢰하여 외눈 안경을 쓰고 장화를 신은 신사가 지팡이를 들고 경쾌하게 걸어가는 모습의 현재 상표를 1908년부터 사용하기 시작하였다.

조니워커 레드(Red Label, 6년산)는 스탠다드급 위스키로 10년 이상 전세계 판매1위를 기록하고 있는 제품이다. 일반적인 스탠다드 위스키보다 하일랜드 몰트 원액을 많이 사용하여 맛의 조화가 매우 뛰어나다는 평을 듣고 있다. 조니워커 블랙(Black Label, 12년산)은 최소 12년 이상 숙성된 40여가지 이상의 원액을 블렌딩한 제품이고, 조니워커 스윙(Swing, 15년산)은 1930년대 유럽과 동양 등으로 여행하던 호화 여객선의 낭만적 선상 여행을 위해 탄생된 제품이다. 이 제품은 배 안의 흔들림에 관계없이 즐길 수 있도록 고안된 병 모양이 특징이다. 조니워커 골드(Gold, 18년산)는 조니워커 브랜드 탄생 100주년 기념 위스키로 최소 18년 이상 숙성된 원액만을 엄선하여 제조했다. 조니워커 블루(Blue)는 최고로 엄선된 싱글위스키 원액을 블렌딩한 최고의 제품이다. 조니워커 가문의 명성과 품질을 상징하는 위스키로 정확한 연수는 나와있지 않다.

## Passport (패스 포 트 )

제조회사 : *William Longmore Co,. Ltd*

　씨그램사에 속한 윌리암 롱모어사가 1968년에 발매한 명주이다. 병디자인은 고대로마의 통행증을 본 따서 만든 것이다.

Passport

## Old Parr (올 드　파)

제조회사 : *Macdonald Greenlees Ltd.*

　19세기말 알렉산더 맥도날드社와 그린리스 부라더스사가 합병하여 탄생한 회사이다. 술이름은 152세까지 장수한 농부 토마스 파 할아버지의 이름에서 따온 말이다. 상표에 있는 그의 초상화는 거장 루벤스의 작품이다.

## Queen Anne (퀸 앤)

제조회사 : *Hill Thomson & Co., Ltd.*

　퀸앤은 18세기초 잉글랜드와 스코틀랜드를 통일시킨 영국 앤 여왕(Queen Anne)에서 따온 말이다. 이 회사는 글렌리벳(Glenlivet)과 함께 1978년 씨그램사에 속하게 되었고, 고급 몰트를 사용하여 고품질의 위스키를 생산하고 있다.

## Royal Salute (로 얄 살 루 트 )

제조회사 : *Chivas Brothers Ltd.*

　Royal Salute는 영국 여왕인 엘리자베스 2세 대관식 때 (1952년) 진상된 위스키이며, 국왕이 주관하는 공식행사의 축포가 21발인 것에서 착안하여 '왕의 예포(Royal Salute)' 라는 이름을 지었다. 그래서 숙성기간도 21년산이고, 병 모양을 둥근 도자기로 만든 것은 16세기에 에든버러 성을 지키는데 위력을 발휘한 메그라는 거대한 대포탄알을 모방하여 만든 것이다. 병의 색깔은 자주색, 청색, 청록색 등이 있다.

Royal Salute

## VAT 69 (베트 69)

제조회사 : *William Sanderson & Son Ltd.*

베트 69는 시제품 검사에서 69번째 통에 든 것이 좋다하여 제품이름도 '69번째 통(VAT 69)'이다. 1882년 처음 병에 넣은 위스키를 발매하면서 100여 개의 시제품을 놓고 전문가를 초청하여 맛을 보게 했다. 이때 참석자 전원이 69번째 통을 선택했기 때문에 이 통 번호를 상표로 선택하게 되었던 것이다.

## White Horse (화이트 호스)

제조회사 : *White Horse Distillers Ltd.*

화이트 호스란 여관 이름에서 유래된 위스키이다. 이 여관은 1742년에 설립되어 에딘버러 시민의 사교장으로 유명하였다. 에딘버러에서 런던으로 가는 마차도 이 여관 앞에서 출발하였다. 이 위스키는 근처에 있던 위스키 판매장에서 블렌디드 위스키를 처음 내놓으면서 이 여관의 이름을 붙이게 되었다. 그리고 이 위스키는 이 여관 전용 위스키가 되었으며, 화이트 호스(백마)는 승

White Horse
Fine old

## 3) 아이리시 위스키(Irish Whiskey)

위스키 종류로는 가장 빠른 12세기에 만들기 시작하였다. 스카치 위스키(Scotch Whisky)와 유사한 것 같으나 만드는 제조과정이 다르다. 스카치 위스키는 맥아를 건조시킬 때 토탄(peat)을 태운 연기에 건조시키는데 아이리시 위스키는 바닥에 널어서 건조시키기 때문에 피트향이 나지 않으며 스카치 위스키는 Malt Whisky와 Grain Whisky를 따로 증류하여 숙성기간을 거친 다음 블렌딩하여 병입하는데 아이리시 위스키는 건조시킨 맥아를 갈아서 물을 넣고 열을 가하여 맥아즙을 만들 때 밀과 호밀을 함께 넣고 즙을 만드는데 한번에 끝내는 것이 아니고 4번을 반복하여 끓여서 냉각시킨 다음 발효시켜 단식 증류법으로 3번 반복하여 증류한다. 증류된 원액은 쉐리통으로 사용했던 오크통에 넣어서 대부분이 5년 이상 숙성시키며 스탠다드(Standard)급은 6년 프리미엄(Premium)급은 12년을 숙성시켜 스카치 위스키보다 부드러우면서 짙은 맛이 난다.

## (1) 제조과정

아이리시 위스키는 스카치 위스키와는 달리 맥아(malt)를 당화, 발효시 보리, 호밀, 밀 등을 넣어 발효액을 만든 후 단식 증류기에 3회 증류시킨다. 그리고 아이리시 위스키는 맥아 건조시 이탄(泥炭, peat)을 사용하지 않는다. 제품 종류는 이런 방법으로 제품화한 위스키와 그레인 위스키와 블렌딩하여 제품화한 것 2종류가 있다. 아이리시 위스키는 법적으로 3년 이상 숙성시켜야 하며, 특히 한 증류소에서 단일원액으로 만든 위스키를 싱글 몰트 위스키(Single Malt Whiskey)라고 한다.

## (2) 종류

Jameson

### Jameson (제임슨 )

제조회사 : *John Jameson & Son Ltd.*

1780년 더블린에서 John Jameson(존 제임슨)이 설립한 증류소로 아일랜드 전통적인 방법으로 생산하고 있는 역사와 전통을 자랑하는 회사이다. 1974년부터 콘 위스키를 블렌딩하여 미국을 겨냥한 제품을 개발하여 인기를 얻었고, 제품으로는 Standard급(6년산)과 Premium급(12년산) 등이 있다.

### Old Bushmills (올드 부쉬밀스 )

제조회사 : *The Old Bushmills Distiller Co., Ltd*

아이리시 위스키 중 가장 역사가 오래된 것으로 1743년 밀조주를 만들기 시작하여 1784년에 정식으로 제조업자로서 인가를 받은 The Old Bushmills Distiller Co., Ltd.사에서 생산되고 있다. 부쉬밀(Bushmills)이란 '숲 속의 물레방아간' 이라는 뜻을 가진 동네이름이다. 증류공장은 잉글랜드 제임스 1세로부터 증류면허를 받은 곳으로 세계에서 가장 오래된 증류공장이라 할 수 있다. 부쉬밀스는 약간 피트향을 갖고 있는 맥아로 원주를 만들고 셰리나 버번을 담았던 통에서 5~10년간 숙성시킨다. 이 몰트 위스키에 콘 위스키를 블렌딩하여 제품을 만든다. 제품으로는 Old, Black Bush, Bushmills Malt 등이 있다.

## 4) 아메리칸 위스키(American Whiskey)

미국은 1775년 독립전쟁이 일어나기 전에는 쿠바와 서인도 제도에서 많은 양의 럼(Rum)을 수입하였으나 독립전쟁이 일어나면서 영국이 모든 수입로를 차단시키자, 신대륙으로 이주한 영국인들에 의해 제조되기 시작하였고, 18세기 말엽에는 3,000여 종의 위스키를 생산하게 되었다. 현재 미국에서는 많은 종류의 위스키가 생산되고 있으며 라벨에는 흔히 Sour Mash라고 써 있는데, 그것은 발효가 끝난 Wash를 증류기에 옮길 때 시큼한 Wash를 일부 남겨 두었다가 다음 번에 Wort와 함께 발효시켜 Wash의 품질을 일정하게 유지시켜 주는 것으로 위스키의 맛도 일정하게 유지시킨다. 아메리칸 위스키는 스트레이트 위스키(Straight whiskey)와 블렌디드 위스키(Blended whiskey)로 구분된다.

### (1) Straight Whiskey(스트레이트 위스키)

스트레이트 위스키(straight whiskey)를 만드는 원료로는 Corn(옥수수), Rye(호밀), Barley(보리), Wheat(밀) 등을 사용하며 증류된 위스키는 2년 이상을 숙성시키는데 오크통 내부를 불에 태워 숯처럼 만들어 사용하며 색소로 캐러멜(caramel)을 첨가하여 주기도 한다. 스트레이트 위스키는 중성곡주(neutral grain whiskey)와 블렌딩이 금지되어 있다.

① Bourbon Whiskey(버번 위스키)

1789년 Kentucky(켄터키)주 Bourbon County(버번 카운티)에 있는 Georgetown(조지타운)마을에서 많은 사람에게 존경을 받아오던 침례교 목사 Elijah Craig가 옥수수를 원료로 하여 증류주를 만든 것이 시초이다.

**Tipe** 아메리칸 위스키와 오크통(Charred Oak Cask)

아메리칸 위스키는 대부분 새 오크통의 안쪽을 태워서 속이 검게 그을린 오크통에서 숙성시키는데 그 이유는 검게 탄 부분의 숯알갱이가 화학작용을 일으켜 술을 순화시킨다. 그리고 술 속의 수 백가지 성분들이 화학작용을 일으켜 향이 풍부해지고 맛도 부드러워진다.

## 버번 위스키를 만드는 제조규정

- 원료로 옥수수 51% 이상을 사용하며, 연속식 증류기로 40~80도 사이에서 증류시킨다.
- 그을린 참나무통(Charred Oak Cask) 속에서 2년 이상 숙성시킨 단일원액이어야 한다.

  전체 생산량의 80%이상이 Kentucky주에서 생산되고 있지만 생산방법과 원료의 기준을 준수하면 타지방에서 만든 위스키도 버번 위스키라고 부를 수 있다. 그러나 Kentuchy Straight Bourbon Whiskey가 Original Bourbon Whiskey이다.

② Rye Whiskey (라이 위스키)

호밀(rye)을 원료로 51% 이상 사용하고, 80도 이하로 증류한 뒤 Charred Oak Cask에서 2년 이상 숙성시킨 위스키를 말한다.

③ Corn Whiskey (콘 위스키)

옥수수(corn)를 80% 이상 사용하며 80도 이하로 증류한 뒤 한번 사용한 헌 오크통에서 2년 이상 숙성시킨 위스키를 말한다.

④ Bottled in Bond Whisky (바틀 인 본드 위스키)

1894년에 보세창고 내의 병입법(The Bottled in Bond Act)을 실시하여 규제사항을 지킨 스트레이트 위스키만을 상표에 'Bottled in Bond'라는 표시를 붙이게 했다. 정부에서 품질을 보증하는 것은 아니지만, 정부 감독 하에 병입했다는 표시이다. 규제사항으로는 단일증류공장의 단일원액이어야 하고, 80도 이하로 증류하고, Charred Oak Cask에서 4년 이상 숙성시킨 알코올 도수 50도 이하의 위스키이어야 한다.

## (2) Blended Whiskey (블렌디드 위스키)

스트레이트 위스키(straight whiskey)와 중성곡주(neutral grain spirits)를 혼합한 것으로 스트레이트 위스키를 20% 이상 사용하여야 한다.

## (3) 종류

### Evan Williams (에반 윌리암스) – Bourbon Whiskey

Evan Williams 8Y

제조회사 : *Old Evan Williams Distillery*

　에반 윌리암스는 1783년 개척시대 초기 켄터키 지방에서 옥수수를 원료로 최초로 위스키를 만들었다는 사람이다. 일반적으로 잘 알려진 엘리저 크레그 목사보다 6년 앞서서였다. 상표에 '1783년 Kentucky 1st Distiller'라고 표기된 것은 에반 윌리엄스에 대한 설명이지 이 회사의 창립년도는 아니다. 발효시 사워 매쉬(Sour Mash, 천연 효모를 이용하여 발효시키는 방법)라는 연속식 배양법을 사용하고 목탄을 사용하여 여과했기 때문에 맛이 부드럽다.

### I.W. Harper (아이 더블유 하퍼) – Bourbon Whiskey

제조회사 : *I.W. Harper Distilling Co.*

　1869년 독일계 스위스인 I.W. 베른 하이머가 켄터키 지방에서 증류하면서 시작되었다. 보리나 라이보리를 많이 사용하므로 향이 강하면서 묵직하지 않고 달콤한 점이 특징이다.

### Jim Beam (짐 빔) – Bourbon Whiskey

Jim Beam

제조회사 : *James B. Beam Distilling Co.*

　1795년 제이콥 빔(Jacob Beam)이 버번 지방에서 증류소를 건립하여 6대에 걸쳐서 200년간 버번 위스키를 제조하여 온 Kentucky Straight Bourbon Whiskey를 만들고 있다. 오늘날 판매량이 가장 많은 버번 위스키의 대표적인 브랜드로 버번 위스키로는 최초로 Sour Mash(천연 효모를 이용하여 발효시킴) 공법을 이용하여 버번 위스키를 생산하고 있다.

Jack Daniel's

## Jack Daniel's (잭 다니엘스 ) – Tennessee Whiskey

제조회사 : *Jack Daniel Distillery.*

잭 다니엘스(Jack Daniel's)은 테네시(Tennessee) 주에서 버번 위스키와 유사한 방법으로 원료는 같으나, 제조과정에서 목탄층으로 여과하는 차콜 멜로윙(Charcoal Mellow- ing) 방식으로 여과를 시킨다. 이것은 증류시킨 원액을 단풍나무로 만든 숯으로 여과시키는 과정으로 버번 위스키보다 부드럽고 독특한 향과 맛을 지닌 위스키로 평가받고 있다.

잭다니엘은 소년 시절에 친척집에서 양조 기술을 익혀 1866년에 테네시주 링컨 카운티의 린치버그(Lynchburg) 마을에 증류소를 차려 미국 최초의 정부 등록 증류 공장을 건설하였다. 이 증류소에선 처음부터 차콜 멜로윙 방식으로 위스키를 판매해 왔으며 처음엔 '벨 오프 링컨과 카운티의 미녀'라는 상표로 판매해 오다 1887년에 자신의 이름을 붙이게 되었다. 1890년 세인트루이스에서 열린 위스키 품평대회에서 'Jack Daniel No 7'이 최우수상을 수상한 이래 계속해서 미국의 대표적인 위스키로 인정받고 있다.

## Old Grand Dad (올드 그랜드 대드 ) – Bourbon Whiskey

Old Grand Dad

제조회사 : *The Old Grand Dad Distillery Co.*

올드 그랜드 대드는 이 회사의 창업자 하이든의 별명이다. 창립은 1796년이지만 1882년에 버번 위스키를 만들기 시작하였다. 1958년 43도 알코올 농도의 버번 위스키를 판매하면서 급속히 성장한 유명한 위스키이다.

## Ten High (텐 하이) – Bourbon Whiskey

제조회사 : *Hiram Walker & Sons Inc.*

   포커 게임에서 가장 높은 텐 하이 스트레이트 플러쉬에서 본뜬 말이다. 즉 더 이상의 최고가 없듯이 위스키에서도 최고라는 뜻을 담고 있다.

## Wild Turkey (와일드 터키) – Bourbon Whiskey

제조회사 : *Austin Nichols Distilling Co.*

   미국 서부 개척시대의 강인한 미국 사람들을 상징한다는 wild turkey(야생 칠면조)는 1855년 사우스캐롤라이나주에서 매년 행사하는 야생 칠면조 사냥을 기념하기 위해 어스틴 니콜즈 디스틸링사에서 생산하기 시작하였으며 7년산과 8년산 등이 있다.

Wild Turkey

◀ **Old Crow – Bourbon Whiskey**

**Old Taylor – Bourbon Whiskey** ▶

**Seagram's 7 Crown (씨그램스 세븐 크라운) – Blended Whiskey**

회사명 : *Josep E. Seagram & Sons Ltd.*

　캐나다의 종합주류 제조회사인 Josep E. Seagram & Sons Ltd.사에서 미국의 금주법이 해제된 후 미국에 진출하여(1934년) 생산하기 시작한 마일드 타입의 위스키이다. 1934년부터 발매한 이 위스키는 미국에서 높은 매상고를 올리고 있는 제품으로 시제품 시험 중 7번째 위스키가 좋아서 이름에 7이라는 숫자가 붙었다. 미국인들에게는 7&7(Seagram's 7 Crown & 7 up)을 만드는 기주(基酒)로 많이 알려져 있다.

Seagram's 7 Crown

**미국의 금주법(禁酒法, 1920~1933)**

1880년에서 1910년까지 미국의 양조산업은 전국적인 브랜드의 등장과 함께 규모가 커지면서 양조설비, 전국적인 판매망, 운송시스템 등이 발전하는 시기였다. 그러나 술은 양면성을 가지고 있기 때문에 술에 대한 부정적 시각을 가진 집단이나 단체의 금주(禁酒) 운동도 항상 존재하고 있었다. 금주운동을 통한 금주법 시행은 1846~1855년 사이에 Maine州를 시작으로 해서 13개 주가 금주를 시행하여 남북전쟁 후인 1865~1866년 사이에 폐기된 적이 있었고, 다시 1910년부터 새로이 금주운동이 고개를 들기 시작하더니 1912년에는 9개주, 그리고 4년 후인 1916년에는 23개 주가 금주운동을 본격적으로 시작하여 마침내는 제1차 세계대전(1914~1918년)을 계기로 해서 1920년 1월 17일 미합중국의 총 48개 주 중 46개주에서 비준된 미헌법 제18차 수정안(볼스티드법)이 시행되기에 이르렀다.

　1914년 시작된 제1차 세계대전 초기에 미국은 중립을 지켰다. 그러던 중 미국의 정기항로船 Lusitania號가 독일 U-보트의 무차별적인 공격으로 침몰 당하면서 미국은 1917년에 참전하게 되었고, 참전과 더불어 '식량통제에 관한 법률'이 통과되었는데 이때부터 전쟁을 수행하기 위한 식량 통제로 위스키와 같은 곡물로 만드는 증류주의 제조가 중단되었고 맥주를 만들던 양조가와 포도주 사업자에게는 엄격한 제재가 따르게 되었다.

　전범 독일인에 대한 증오심이 엉뚱하게 금주(禁酒) 운동가를 자극하게 되어 금주운동은 더욱 격렬하게 번지게 되었고, 전시의 식량절약, 작업능률의 향상 그리고 맥주산업을 손에 넣고 흔들고 있는 독일인에 대한 반감 등이 얽혀 금주운동은 전국화되는 양상을 보였다. 마침내 1919년 윌슨(Woodrow Wilson) 대통령의 반대에도 불구하고 발안자인 볼스티드(Volstead)의 제18차 수정안이 미의회에서 통과되어 개혁가들은 연방헌법에 금주법 수정조항을 집어넣는데 성공하였다.

　미헌법에는 현재 총 26개의 수정조항이 있다. 그 중 18번째 수정조항은 '금주법' 시대를 연 조항으로, 그 내용은 다음과 같다.

"the manufacture, sale, or transportation of intoxicating liquors within, the importation thereof into, or the exportation thereof from the United States and all territory subject to the jurisdiction thereof for beverage purposes is hereby prohibited."

　"미국 본토와 미국 재판권이 미치는 모든 지역에서 주류의 제조, 판매, 운반이 금지되며 상기지역으로의 수입과 동지역으로부터의 수출도 금지한다."

　1920년 1월 17일부터 효력을 발휘한 금주법은 236개의 위스키 공장과 1,090개의 맥주공장, 17만 790개의 술집들을 하루아침에 문닫게 만들었다. 초기에는 금주법으로 인해 경범죄 및 각종 범죄 발생률이 현저히 낮아졌다. 그러나 차츰 사람들은 암거래를 통해서 밀주를 마시려 했으며 이러한 밀수, 밀송, 밀매를 통해서 대규모 범죄집단들(마피아)의 출현이 나타나게 되었다. 이 때 거래된 술은 360억 달러나 되었고, 이 기간에 음주운전이 5배, 알코올 중독자는 6배나 늘어났다. 마피아는 밀주와 마약, 매춘의 운영으로 그 세력이 확장되는 악영향을 초래했고, 28대 대통령 하딩정부의 정치적 부패와 금주법 시행 중에도 무허가 술집들의 난립으로 금주법에 대한 의문을 던지게 되었다.

　결국 금주법은 14년이 채 안 된 1933년 12월 5일 프랭클린 루스벨트 대통령의 취임 9일 만에 미헌법 제21차 개정안 통과와 함께 폐지되었다. 금주법은 이미 1929년에 몰아닥친 대공황으로 가난과 실업에 골머리를 앓았고, 이 때 사실상의 금주법의 기능은 상실된 상태였다.

　미국의 금주법은 칵테일을 확산시키는 계기를 마련하기도 했는데, 무허가 술집에서 일하는 것을 좋지 않게 생각한 바텐더들은 직장을 유럽에서 구했고, 유럽에서는 그 이전부터 칵테일을 마시기는 했지만, 이주해 온 바텐더들로 인해 파리와 런던에서 칵테일 붐을 일으키는 계기가 되었다. 금주법이 해제된 후에는 캐나다, 유럽의 주류회사가 대거 진출하여 미국내 주류회사의 모체가 되기도 하였다. 이 시대를 다룬 영화 소재들도 많아 금주법 시대의 갱영화로는 '언터쳐블' '라스트 맨 스탠딩' '대부 Ⅰ, Ⅱ, Ⅲ' 'Once Upon A Time In America' 등이 있다. 이들 영화를 통해 그 시대적 배경을 느끼는 것도  좋은 경험이 되리라고 본다.

## 5) 캐나디언 위스키(Canadian Whisky)

지금으로부터 약 200년 전 아일랜드와 스코틀랜드 사람들이 캐나다로 이주하면서 가지고 간 증류기로 옥수수를 원료로 하여 위스키를 만들기 시작한 것이 시초이다. 캐나다에서는 Straight Whisky를 만드는 것이 법으로 금지되어 있으며, 모든 위스키는 Blended Whisky로 만들어야 한다.

위스키를 만드는 원료로는 옥수수, 호밀, 밀 등의 곡물을 맥아와 함께 사용하며 정부의 엄격한 감독 하에 생산과정이 이루어진다. 증류를 마친 위스키 원액은 내부를 태워 숯처럼 만든 오크통(Charred Oak Cask)에서 숙성기간을 거치는데 법적으로 3년 이상을 숙성시켜야 하지만 대부분이 4년 이상 숙성시킨다. 캐나디언 위스키는 아메리칸 위스키보다 연하고 부드러우며 밀의 사용량이 많아 라이 위스키(Rye whisky)라고도 부른다. 알코올 도수는 40도와 43도 두 가지가 있는데, 40도 짜리 위스키는 자국소비용이고, 43도짜리 위스키는 수출용이다.

## (1) 종류

### Black Velvet (블 택 벨벳)

1970년에 미국에 첫 수출하여 선풍적인 인기를 얻은 검은색 라벨의 캐나디안 위스키로 6년산, 12년산 등이 있다.

### Canadian Club (캐나디언 클 럽)

제조회사 : *Hiram Walker & Sons Ltd.*

Canadian Club은 하이램 워커사가 창업한 이래 계속 주력 상품으로 생산하고 있으며, C.C.라는 애칭으로 잘 알려져 있다. 영국의 빅토리아 여왕 시대인 1898년 이래로 영국 왕실에 납품하는 위스키로 상표에 왕실 문장이 새겨져 있다.

### Old Canada (올 드 캐나다)

제조회사 : *McGuiness Distillers Ltd.*

맥기네스 디스틸러스사는 1905년 런던에서 수입상사로 출발하여 1930년대부터 위스키, 진, 럼 등을 생산하는 캐나다의 거대주류 기업이다.

## Crown Royal (크 라운 로 얄)

제조회사 : *Joseph E. Seagrams & Sons Inc.*

Crown Royal

1939년 영국왕 조지6세 내외가 캐나다를 방문한 기념으로 진상된 위스키로 Seagram's사에서 심혈을 기울여 만든 최고급 위스키이다. 국왕은 대륙을 횡단하여 벤쿠버로 가는 왕실 열차 안에서 처음 개봉하였다. 그 후 엘리자베스 공주와 에든버러 공의 결혼식과 엘리자베스 2세의 대관식에 진상된 것으로 유명하다. 그 때 당시 Crown Royal 은 귀빈 접대용으로 소량만 생산하다가 후에 판매하게 되었고 캐나다를 대표하는 고급 위스키로 자리잡고 있다.

## Seagram's V.O. (씨그 램즈 V.O.)

제조회사 : *Joseph E. Seagrams & Sons Inc.* 1

Seagram's V.O.

세계 최대 규모를 자랑하는 Seagram's 종합주류 제조회사는 1924년에 몬트리올에서 창업하여 정부에 엄격한 통제하에 옥수수와 호밀을 원료로 하여 만든 Seagram's V.O.를 주력 상품으로 생산하기 시작하였으며 많은 판매 실적을 올리게 되었다. 이 위스키는 최저 6년간 숙성시킨 원주를 블렌딩한 마일드 타입 위스키로 가볍고 부드러운 맛을 가지고 있다는 평을 듣고 있다.

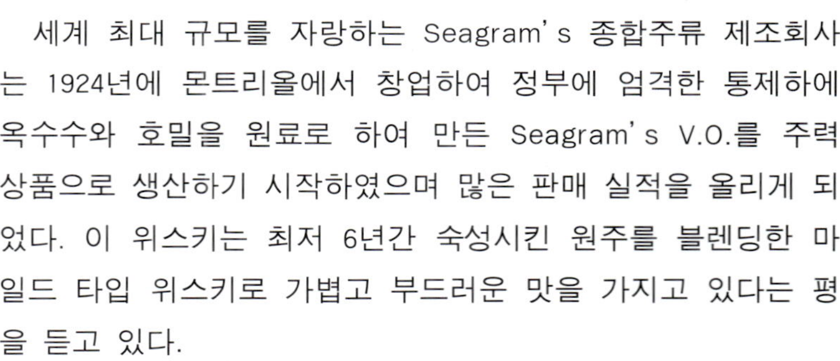

##  3. 브랜디(Brandy)

### 1) 정의

와인을 증류하여 만든 증류주를 브랜디라고 부른다. 브랜디는 프랑스의 Cognac(꼬냑)지방과 Armagnac(아르마냑)지방의 것이 세계적으로 유명하다. 포도 이외의 과일을 사용해서 만든 와인을 증류한 브랜디인 경우에는 브랜디 앞에 과일의 이름을 붙여서 부른다.

### 2) 제조방법

브랜디는 우선 와인을 단식 증류기로 2번 반복 증류시킨다. 그리고 오크통에 저장, 숙성시키면 그 동안 참나무에서 나오는 타닌(tannin)성분과 복합적인 물리적, 화학적인 작용으로 인하여 브랜디 고유의 향기와 색이 만들어진다. 와인에서도 언급했던 타닌(tannin)이란, 포도껍질이나 오크통에서 우러나오는 성분으로 우리가 느끼는 떫은 맛이 바로 이 타닌성분 때문이다.

### 3) 종류

#### (1) Cognac(코냑)

꼬냑은 프랑스 중서부 지역에 위치한 도시로 이 지역에서 생산한 브랜디만을 Cognac(꼬냑)이라 부른다. Cognac에는 별 또는 문자로 숙성기간을 표시하는데 모든 회사가 똑같은 것은 아니고 법으로 규정되어 있지도 않아 회사마다 차이가 날 수 있다.

Martell (마르 텔)

Otard (오 타르 )

Camus (카뮤 )

Courvoisier
(쿠 르 부 와지 에)

Polignac (폴 리 냑)

Hennessy (헤네시)

Remy Martin
(레미 마르 탱)

Larsen (라센)

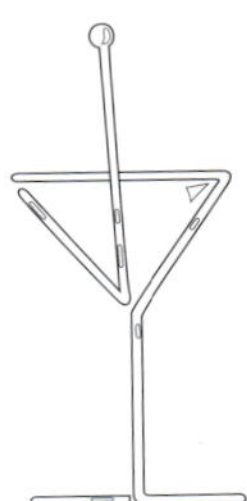

## (2) Armagnac(아르마냑)

아르마냑 지방은 코냑 지방 남쪽에 위치해 있으며, 코냑과 마찬가지로 이 지방에서 생산되는 브랜디만을 아르마냑(Armagnac)이라고 한다.

① Chabot （샤보）
② Reine （레인）

## (3) 기타 브랜디

### Calvados (칼바도스)

Apple Brandy 중에서 가장 품질이 우수하다고 평가받는 것으로 프랑스 Normandy(노르망디) 지역에서 사과즙을 내어 Cider(시드르)로 만든 다음 단식 증류법으로 증류시킨 후 2년 이상 숙성시킨 A.O.C법의 통제를 받아서 생산되는 애플 브랜디를 말한다.

Calvados

Applejack

### Applejack (애플 잭)

미국 New England 지역에서 사과를 원료로 하여 만든 Apple Brandy이며 오크통에서 일정기간 숙성과정을 거쳐서 품질이 우수하다는 평을 받고 있으며 프랑스에서 생산하는 Calvados에 함께 Apple Brandy로 유명한 제품이다.

## (4) 숙성도 표시

각 제조회사마다 숙성연도 표시 기준이 다르기 때문에 숙성연도의 구분 보다 숙성도 표시의 구분 순서에 대한 문제가 출제된다. 구분의 예는 아래와 같다.

### 예 1

| 등 급 | 숙성연도 |
| --- | --- |
| Star급 | 2~10년 |
| V.O. | 12~15년 |
| V.S.O | 15~20년 |
| V.S.O.P. | 25~30년 |
| X.O. | 40~45년 |
| Extra | 50년 이상 |

### 예 2

| 등 급 | 숙성연도 |
| --- | --- |
| Star 급 | 3년 이상 |
| V.S. V.O | 5년 이상 |
| V.S.O.P. | 10년 이상 |
| Napoleon | 15년 이상 |
| X.O. | 25년 이상 |
| Exera | 50년 이상 |

### 예 3

| 등 급 | 숙성연도 |
| --- | --- |
| 별셋(three stars) | 3년 이상 |
| V.S.O.P | 10년 이상 |
| Napoleon | 15년 이상 |
| X.O. | 20년 이상 |
| Extra | 30년 이상 |

S : Superior (우수한)  O : Old (오래된)  P : Pale (맑은)

X : Extra (특별한)  V : Very (매우)

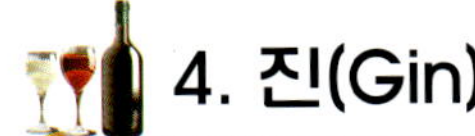 **4. 진(Gin)**

진은 1660년경 네덜란드(Netherland) 라이덴 대학의 실비우스(Sylvius) 박사가 값이 싼 신장병 치료제로 개발하여 약용주로 만들어졌다. 맥아를 원료로 하여 만든 발효주를 증류시켜서 만들어 낸 증류주에 노간주나무 열매(Juniper berry)와 수종의 식물을 첨가하여 다시 증류시켜서 약용으로 만들었다.

이렇게 만들어진 Gin은 처음 만들어진 의도와는 달리 신장병 치료제보다 애주가들에게 술로 더 많은 호평을 받게 되었으며 17세기 초 영국의 튜더(Tudo)왕조 때 종교전쟁에 참전하였던 영국 병사들이 귀향하면서 Gin을 가지고와 급속도로 영국에 전파되었으며 1831년 연속식 증류기가 발명되면서 Gin은 대량생산이 이루어졌으며 품질이 좋아지고 가격은 저렴하게 판매되자 영국의 가난한 노동자들이 스트레스를 풀기 위해서 많이 마시게 되었다. 영국으로 건너간 진은 London Dry Gin으로 발전하였고, 미국으로 건너가서는 칵테일의 기주(基酒)가 되었다. 진은 네덜란드 사람이 만들고, 영국인이 꽃을 피웠으며, 미국인이 영광을 준 술이다.

## 1) 제조방법

보리, 밀, 옥수수를 발효, 증류한 다음 주니퍼 베리(Juniper berry : 杜松實)를 첨가한 후 다시 증류해서 만든다. 여기서 재료로 사용되는 주니퍼 베리는 신장을 튼튼하게 하고, 이뇨작용을 원활하게 하는 효력이 있으며 진은 대부분 숙성하지 않는다.

## 2) 런던 드라이 진(London Dry Gin)

런던 드라이 진은 영국에서 만들어졌으며 Gin으로는 가장 품질이 우수하다는 평을 듣고 있다. 제조회사마다 비법에는 차이가 있으나 곡물을 원료로 하여 연속식 증류기로 만들어낸 중성주정(neutral spirits)을 여러 가지 식물과 함께 단식 증류기로 만들어 내는데 유사한 제품이 여러 나라에

서 생산되고 있다. 런던 드라이 진은 두 가지 방법으로 생산하는데 첫 번째는 곡물을 원료로 연속식 증류기로 만든 증류주를 숯을 이용한 여과기에 여러 번 여과시킨 중성주정을 여러 가지 식물과 함께 단식 증류기에 넣고 증류시키는 방법이다. 또 한가지 방법은 중성주정을 단식 증류기에 넣고 열을 가하여 생기는 증기가 식물성 부재료를 통과시켜 맛과 향이 혼합되어 냉각기로 옮겨지는 방법이다.

## (1) 종류

Beefeater

### Beefeater (비피터)

제조회사 : *James Burrough Ltd.*

　런던 드라이 진으로 품질이 우수하고, 우리 나라를 비롯하여 여러 나라에 많이 알려져 있다.

Gilbey's

### Gilbey's (길베이스)

제조회사 : *W.&A. Gilbey Ltd.*

　1857년 Gilbey 집안에 월터와 알프레드 형제가 설립하여 두 사람의 이니셜을 따서 W.&A. Gilbey Ltd.로 설립되었으며 진 생산은 1872년부터 하였고 1887년부터 스카치 위스키도 생산하기 시작하였다.

### Gordon's (고 든 스 )

제조회사 : *Tanqueray Gordon & Co., Ltd.*

Dry Gin을 생산하는 회사로는 가장 오랜 역사를 지니고 있으며 품질이 우수한 브랜드로 늑대 머리가 상표인 것이 독특하다. 1769년 런던의 템즈 강 남안에서 창업하여 후에 런던시 북부의 구즈웰가(街)로 옮겼다. 1898년에 탱거레이사(社)와 합병하여 우수한 품질의 드라이 진을 생산하고 있다.

Gordon's

### Tanqueray (탱거레이)

제조회사 : *Charles Tanqueray & Co, Ltd.*

현재까지 나와있는 Dry Gin으로는 가장 품질이 우수한 것으로 알려져 있으며, 제품단가도 높은 진이다. 제조회사인 찰스 탱거레이사(社)는 1830년부터 런던 사핀즈베리 구의 맑은 자연수를 이용하여 생산을 시작하였으며 1898년에 고든사(社)와 합병하여 판매와 수출을 상호협력하고 있다.

Tanqueray

## 3) Holland Gin(=Genever Gin, Dutch Gin)

맥아와 호밀의 비율을 1:2로 혼합하여 단식증류기로 증류하고 주니퍼 베리를 넣고 다시 증류해서 만든다. 향미(香味)가 짙고 곡물의 냄새와 맛이 남아 있어 무거운 맛과 향을 가지고 있는 것이 특징이다. 주니퍼 베리의 불어인 쥬네브레(Genieivre)에서 옮겨와 네덜란드인은 쥬네바(Genever)라고 부른다.

## (1) 종류

① Bols Genever (볼스 쥬네바)

제조회사 : *Even Lucas Bols.*

　네덜란드의 쉬이담(Schiedam)에서 1575년에 설립하였으며 증류회사로는 세계에서 가장 오래된 회사이다. 오랜 역사와 전통을 지니고 있는 Bols사 (社)는 종합주류를 생산하는 회사로 Gin을 만드는데 옛날 방식을 그대로 유지하고 있으며 이 회사에서 생산하는 리큐르 종류도 품질이 우수하다.

## 4) American Dry Gin

　영국에서 넘어와 순하고 부드럽게 제조되고 있으며, 칵테일용으로 많이 쓰인다.

## (1) 종류

### Fleischmann's (플라이슈만스)

　미국산 진으로 1870년에 진을 생산하기 시작하였으며 미국에서 진을 만든 최초의 회사로 현재는 아이오와에서 버번 위스키도 생산하고 있다.

## 5) 기타 종류의 Gin

### (1) 종류

### Flavored Gin (플레이버드 진)

주니퍼 베리 대신에 오렌지, 레몬, 라임, 박하 등의 다른 과실들을 사용하여 부재료의 향과 맛이 나는 스위트 진(sweet gin)이다.

### Sloe Gin (슬로우 진)

야생자두를 원료로 하여 만든 술로 여러 나라에서 생산하고 있으며 적색에 단맛이 풍부하여 Gin이라기 보다 리큐르(Liqueur)에 해당된다. 진의 종류를 물을 때 증류주가 아닌 보기로 자주 출제되는 진이다.

Sloe Gin

Old Tom Gin

### Old Tom Gin (올드 탐 진)

영국에서 생산하는 단맛이 나는 진이다. 1910년대에 Tom Collins가 처음 만들어졌을 때만 해도 Old Tom Gin을 기주(基酒)로 사용하여 수요가 많았었다. 그러나 Dry Gin이 많은 호평을 받게 되면서 수요가 감소하여 1939년부터 생산이 거의 중단된 상태에 있어 소량만 생산하고 있다. 시험 문제에서 약간의 설탕이 첨가된 진을 물으면 Old Tom Gin을 답하면 된다.

# 5. 럼(Rum)

16세기 초 콜럼버스(Columbus)가 사탕수수(sugar cane)를 서인도 제도에 보급시켜 재배하면서부터 급속도로 카리브해 연안까지 경작지가 확대되었다. 17세기 들어서면서 사탕수수에서 설탕을 만들고 난 찌꺼기인 당밀(molasses)을 이용하여 발효, 증류시킨 술이 럼이다. 원산지는 1647년 중앙아메리카 서인도제도(West Indies)에서 증류기를 이용하여 만든 것이 시초이다. 럼은 흥분시키는 요소가 있어 노예제도가 있던 시절에는 농장에서 힘든 노동을 하는 노예들에게 노동의 능률을 높이기 위하여 럼을 마시게 했으며 흥분제, 소독제, 살균제, 마취제 등 의약용으로도 많이 사용되어 왔다. 영국정부는 1917년부터 증류를 마친 럼의 숙성기간이 3년이 되지 않으면 판매를 할 수 없게 했다. 럼은 사탕수수를 재배하는 모든 나라에서 생산 가능하며 세계에서 가장 많이 생산되고, 소비 또한 가장 많은 술이다. 럼은 숙성기간이 보통 6개월에서 1년이면 병에 담겨지지만 품질이 우수한 것은 그보다 오래 오크통에서 숙성시키기도 한다.

## 1) 주요 생산지

### (1) Cuba(쿠바)

Bacardi Rum의 원산지이기도 한 쿠바는 질이 우수한 럼을 많이 생산하고 있으며, 특히 Gold Rum으로 유명하다.

### (2) Puerto Rico(푸에르토리코)

푸에르토리코는 세계에서 럼을 가장 많이 생산하는 나라이다. 품질이 가장 우수하다는 Bacardi Rum은 스페인의 알폰고 13세가 왕실의 문장을 사용케 하였으며 행운의 심벌로 박쥐 상표를 사용하고 있는 것으로도 유명하다.

### (3) Jamaica(자메이카)

자메이카는 우수한 품질을 생산하는 유명한 생산지 중 하나이다. 특히 Dark Rum이 유명하며, 그 중 Myer's Rum은 우리에게도 친숙한 럼이다.


## 2) 분류

### (1) Heavy Rum(헤비 럼)

당밀을 자연 발효시켜 단식증류기로 증류한 후 숙성시킨 것이다.

향미가 풍부하고 자메이카산이 유명하다. 온더락스(on the rocks)로 주로 마신다.

### (2) Light Rum(라이트 럼)

Dry Rum으로 풍미가 가벼우며, 연속식 증류기로 증류한다. 쿠바와 푸에르토리코가 유명하며 white와 gold 두 가지 색이 있다. 칵테일의 기주(基酒)로 많이 쓰인다.

### (3) Medium Rum(미디엄 럼)

Light Rum과 Heavy Rum을 혼합한 럼을 말한다.

### (4) White Rum(화이트 럼)

색이 무색 투명한 럼으로 White Label 또는 Light Bodied Rum이라고도 말한다. 맛이 연하고 부드러워 cocktail의 기주(基酒)로 많이 사용되고 있다.

### (5) Gold Rum(골드 럼)

연한 갈색에 깊은 맛이 나며 Gold Label이라고도 말한다.

### (6) Dark Rum(다크 럼)

짙은 갈색에 맛과 향이 매우 강하게 느껴지는 럼이다.

## 3) 종류

Appleton (애플 톤 )

Bacardi (바카디)

Barbados (발바도 스 )

Captain Morgan
(캡틴 모 건 )

Havana Club
(아바나 클럽)

Lemon Hart
(레몬 하트 )

Ronrico (론 리코 )

## 6. 보드카(Vodka)

보드카는 러시아(Russia), 폴란드(Poland) 등 발트해(Baltic) 지역에서 만들어진 고유의 증류주로 12세기 때부터 만든 것이 시초이다. 처음에는 감자를 원료로 하여 만들었으며, 1940년대부터 옥수수, 밀, 보리, 감자 등을 발효해서 연속식 증류법으로 대량 생산하게 되었다.

보드카가 처음 증류되었을 때에는 90~95도의 높은 알코올로 자작나무를 태워서 만든 숯(활성탄)을 이용한 여과기에 넣고 여러 번 반복하여 여과를 시키는데 여과 회수가 많을수록 품질이 좋은 보드카가 된다. 이것을 물(증류수)로 희석시킨 후 다시 여과과정을 거치면 무색(colorless), 무미(tasteless), 무취(odourless)의 보드카가 탄생하게 되는 것이다.

보드카는 증류주 중에서도 생산하기가 가장 간편하고 쉬워서 여러 나라에서 생산하고 있다.

### 1) 분류

#### (1) Neutral Vodka(중성 보드카)

무색 투명한 것으로 보드카의 대부분을 차지하며 증류시켜서 여과과정을 거친 후 별도의 숙성기간을 거치지 않고 바로 증류수로 희석시켜서 병입한 제품이다. 중성 보드카는 무색, 무미, 무취의 보드카 고유의 특징을 가지고 있기 때문에 칵테일을 만드는 기주(基酒)로 많이 사용되고 있다.

#### (2) Gold Vodka(골드 보드카)

골드 보드카는 증류시켜서 여과과정을 거친 다음 일정기간 오크통에 저장한다. 그러면 오크통 안에서 색이 우러나와 연한 황갈색을 가진다.

#### (3) Zubrowka, Zubrovka(즈브로우카)

폴란드에서 생산하는 보드카로 들소들이 즐겨먹는 목초의 일종인 버팔

로 그래스(Buffalo Grass)를 원료로 첨가하여 독특한 맛과 향이 나는 연한
황녹색의 보드카로 병 속에는 풀잎이 들어있다.

## (4) Flavored Vodka(플레이버드 보드카)

Flavored Gin과 마찬가지로 보드카에 여러 가지 과실을 첨가하여 향과
맛을 입힌 보드카를 말한다.

## 2) 종류

Absolut

### (1) Absolut(앱솔루트)

보드카로서는 가장 품질이 우수한 것으로 알려져 있는
앱솔루트는 1879년 스웨덴 남부에서 생산하기 시작하였으
며 밀을 원료로 하여 원시림을 통과한 깨끗한 물로 만들
어진 보드카이다. 무색, 투명의 이미지를 표현하기 위해
상표를 병에 직접 인쇄하여 맑고 투명한 액이 보이도록
한 것이 특색이다.

### (2) Finlandia(핀란디아)

핀란드(Finland)에서 밀과 보리를 원료로 만든 보드카
로 북구의 나라답게 고드름을 배경으로 하여 백야의 순록
두 마리가 힘겨루기를 하는 모습의 상표는 시원한 청량감
을 느끼게 한다.

Finlandia

### (3) Smirnoff(스미노프)

스미노프 보드카는 1818년 모스크바에서 피에르 스미노프
(Pierre Smirnoff)가 생산하기 시작하여 1886년 러시아의 황
제 알렉산더 3세가 황실에 단독납품 보드카로 지정함으로서
러시아 최고의 명주로 부각되었다. 1918년 러시아 혁명으로
그의 자손 우라디미루 스미노프가 파리로 망명하여 러시아
인을 상대로 보드카를 생산, 판매하여 명맥을 이어오다 러시

Smirnoff

아 태생의 미국인 R. 크네트에게 제조권을 넘겨주었다(1933년). 금주법이 해제된 후인 1934년부터 미국에서 생산하기 시작하였으며 후에 휴브라인 회사에 인수되었다. 스미노프 보드카는 미국에서 보드카 부분 판매실적 1위로 보드카의 본고장인 러시아로 역수출할 정도로 품질이 우수하다.

### (4) Stolichnaya(스톨리치나야)

러시아에서 생산하며 스톨리치나야는 러시아어로 수도(首都)라는 뜻으로 연하고 부드럽다.

Stolichnaya

## 7. 테킬라(Tequila)

테킬라는 용설란(龍舌蘭)을 원료로 하여 멕시코에서 만든 술이며 용설란에 속하는 원료로는 Blue-Green Agave, Century Plant, American Aloe, Maguey, Blue-Mazcal 등으로 이중에서 Agave와 Mezcal을 주로 많이 사용한다. 아가베(Agave)는 멕시코에선 마게이(Maguey)라고 부르며 8~10년간 자란 것을 원료로 사용한다. 하나의 무게가 25~115kg 정도 되고 이렇게 자란 아가베의 길고 뾰족한 잎을 잘라내면 파인애플과 비슷한 동그란 구형이 되며, 파인애플 모양과 비슷하다 하여 피나(Pina)라고 부른다. 이러한 피나를 잘게 썰어서 약 6~7시간 쪄서 냉각시킨 다음 프레스기에 넣고 원액을 짜낸다. 짜낸 원액을 큰 발효통에 설탕과 효모를 함께 넣고 약 3일간 발효시키면 Pulque(풀케)라는 발효주가 되는데 알코올 도수가 5~6도로 색과 맛이 한국의 막걸리와 비슷하다. 발효된 풀케는 단식 증류법으로 두 번 반복하여 증류하게 되며 이렇게 증류된 술을 메즈칼(Mezcal)

이라 부른다. 테킬라는 메즈칼과 같은 것이며 테킬라지방에서 생산한 것만 테킬라라 부르며 다른 지방에서 생산한 것은 메즈칼이라 부른다. Agave로 생산한 테킬라는 품질이 우수하다 하여 100% Agave라 표시되기도 한다. 데킬라는 멕시코의 특산주이며 멕시코 올림픽때 전세계에 알려지는 계기가 되었다. 테킬라는 증류가 끝나면 3년 이상을 숙성시키는데 숙성시키는 방법에 따라 색이 구분된다.

## 1) 분류

### (1) White or Silver(화이트 또는 실버)

증류를 마친 테킬라는 속에 밀납(wax)을 바른 대형 술통에 넣고 3년 이상의 숙성기간을 거친 후 병에 담겨진다. 이것은 무색 투명하며 테킬라 호벤(Tequila Joven)이라고도 한다.

### (2) Gold or Anejo, Aged(골드 또는 아네호)

3년 이상을 오크통(oak)에서 숙성시켜 술통에서 우러나온 성분으로 인해서 연한 황색을 낸다. 품질이 좋은 것은 꼬냑처럼 10년 이상을 숙성시키기도 한다.

## 2) 종류

**Jose Cuervo**
**(호 세 쿠 에르 보 )**

**Especial**
**(에스 페샬)**

**Cuervo 1800**
**(쿠 에르 보  1800)**

Sauza
(사우 자)

Two Fingers
(투 핑거스 )

Monte Alban
(몬 테일반, Mezcal)

 ## 8. 기타 증류주

### 1) 아쿠아빗(Aquavit)

원산지는 스칸디나비아반도(Scandinavian) 3개국 노르웨이, 스웨덴, 덴마크에서 생산되며, 처음에는 감자를 원료로 하여 만들었으며, 현재는 감자와 곡물 등을 사용하고 있다.

### 2) 그라파(Grappa)

이탈리아에서 포도주를 만들 때 포도 과육을 빼고 남은 포도껍질을 원료로 하여 만든 술로 브랜디의 일종이다.

### 3) 마르크(Marc)

발효된 포도주를 걸러서 낸 찌꺼기를 원료로 하여 만든 브랜디의 일종이다. 프랑스 부르고뉴(Bourgogne)지역에서 생산하며 이탈리아에서 생산하는 Grappa와 비슷하다.

# 제 4 절   혼성주(混成酒)

혼성주란 증류주에 다른 종류의 술을 혼합하거나 식물의 뿌리, 열매, 과즙, 색소 등을 첨가하여 독특한 향과 맛을 낸 술을 말한다.

혼성주는 리큐어 또는 리큐르라고도 부르며, 미국과 영국에서는 Cordial(코디얼)이라고 부르기도 한다.

혼성주는 세계 여러 나라에서 생산되며 자국에서 자라는 식물들을 원료로 사용하기 때문에 맛과 향이 다양하며 그 종류는 헤아릴 수 없이 많다. 대부분의 리큐르는 단맛이 풍부하여 식후 입가심과 소화를 돕는데 효력이 있으며 일부는 약용으로 개발되어 해열, 진정, 강장 등에 효과가 있다.

사용되는 원료로는 여러 가지 증류주에 식물의 꽃, 잎, 줄기, 열매, 뿌리, 씨, 껍질 등이며 특히 수십 종의 허브(herb)를 원료로 많이 사용하기도 한다.

## 1) 제조법

### (1) 증류법(Distilled Process)

방향성물질인 식물의 잎, 뿌리, 껍질 등을 주정에 담근 후 증류하는 방법을 말하며 혼성주의 대부분이 이 방법을 쓴다.

### (2) 침출법(Infusion Process)

증류주(spirit)에 과일, 향초, 약초 및 설탕을 첨가하여 맛과 향이 우러나게 하는 제법으로 침지법이라고도 하며 집에서 담가 마시는 과실주, 인삼주 등이 그것이다.

### (3) 에센스법(Essence Process)

독일에서 쓰는 방법으로 주정에 향료를 첨가하여 여과한 것으로, 향유혼합법이라고도 하며 대체로 품질이 좋지 않고, 값이 싸다.

## 2) 종류

여기서는 수백 종에 달하는 리큐르 제품 중에서 유명한 제품과 필기시험에서 거론되는 것들을 중심으로 정리하였다.

Amaretto

### Amaretto (아마레토)

이탈리아가 자랑하는 대표적인 리큐르로 1525년 밀라노시 사론노 지방에서 처음 만들어졌으며, 살구와 여러 가지 향료를 재료로 사용하여 만든 것으로 품질이 매우 좋다는 평을 받고 있다.

### B&B (비앤비)

프랑스 베네딕트 수도원에서 생산하며 베네딕틴(Benedictine)과 브랜디(Brandy)를 혼합하여 만들었다. 원래는 칵테일의 이름이었으나 인기를 얻게되자 제조회사에서 직접 만들어 시판하고 있다.

Bailey's

### Bailey's (베일리스)

아일랜드에서 생산하며 증류주에 크림과 꿀 수종의 향신료를 첨가하여 만든 Cream Liqueur이다.

Benedictine

## Benedictine (베네딕틴)

프랑스를 대표할 만큼 유명한 리큐르이며, 처음 만들어진 것은 1510년 프랑스 북부 노르망디의 페캉에 있는 베네딕트(Benedict) 수도원의 수도승 동 베르나르도 뱅셀리(Dom Bernardo Vincelli)가 Brandy를 Base로 하여 여러 가지 식물을 배합하여 만들었으며 당시에는 주로 귀족들이 즐겨 마셨다. 프랑스 혁명 당시 수도원은 모두 파괴되었고 수도사들은 모두 뿔뿔이 헤어졌다가 알렉산드르 르 그랑(M. Alexandre Le Grand) 장로가 브랜디를 베이스로 주니퍼 베리, 박하, 계피 등 27종의 약초와 향초를 원료로 하여 새로운 제조법을 개발하여 만들어낸 것이 지금의 Benedictine이다.(1863년) 이 제조법은 전혀 외부에 알려져 있지 않고 오직 세사람의 장로에게만 제조방법이 전수되어 오고 있다. 베네딕틴은 알코올 농도 43도에 상표에는 D.O.M.(돔)이라는 약자가 표시되어 있는데 그 말은 'Deo Optimo Maxino(最善, 最高의 神에게)' 라는 뜻으로 정성을 다해 만들어 신에게 바친다는 뜻이 담겨 있다.

## Chartreuse (샤르트뢰즈)

2샤르트뢰즈는 알프스 산중에 있는 그르노블 근처의 샤르트뢰즈라는 수도원에서 만들어 붙여진 이름이며 130여종의 약초 등을 원료로 하여 만든 품질이 우수한 리큐르이다. 일명 '리큐르의 여왕' 이라고 불리며, 제법은 알려져 있지 않다. 종류로는 베르(Green, 55도), 존느(Yellow, 40도) 그리고 12년간 숙성시킨 V.E.P.(54도) 등이 있다.

Cointreau

### Cointreau (코 앙트 로 )

코앙트로라는 회사에서 처음에는 트리플 섹이라는 이름으로 제품을 내놓았다가 트리플 섹이란 유사품이 여러 곳에서 나오자 회사명칭인 꼬앙뜨로로 이름을 바꿔서 출시하고 있다. 오렌지 추출물에 고급 브랜디를 배합한 프랑스산 리큐르로 칵테일의 베이스로 많이 쓰인다.

Curasao

### Curasao (큐 라소 )

큐라소는 베네주엘라에서 가까운 큐라소라는 섬에서 나오는 녹색의 오렌지 껍질과 브랜디를 섞어서 만든 리큐르이다. 오렌지(Orange), 화이트(White), 블루(Blue) 큐라소 등이 있으며 알코올 농도는 27~40도 정도 된다.

Creme De Cacao

### Creme De Cacao (크 렘 드 카카오 )

카카오(Cacao)와 바닐라(Vanilla) 열매를 추출해서 만든 리큐르로 초콜릿 맛과 카카오 향이 난다. 알코올은 25~30도이고, 종류로는 White와 Brown 두가지 색이 있다.

### Creme De Cassis (크렘 드 카시즈)

블랙 커런트(Black Currants)에 해당되는 향과 맛이 좋은 카시즈(Cassis) 열매를 사용해서 만든 리큐르이다. 알코올 농도는 25~30도이고, 칵테일 재료로 많이 사용되고 있다.

Creme De Cassis

### Creme De Menthe (크렘 드 탕트)

박하(Peppermint)를 원료로 하여 박하향기가 나는 리큐르로 White와 Green 등의 색이 있다.

Creme De Menthe

### Cherry Brandy (체리 브랜디)

여러 나라에서 생산하고 있으며 체리를 원료로 만든 것으로 이름과 달리 브랜디가 아닌 리큐르에 해당하며 브랜디와 리큐르를 구분하는 문제에서 보기로 자주 나온다.

### Drambuie (드람부이)

드람부이는 1745년 스코틀랜드의 찰스 왕자가 근신(近臣)인 맥키넌(Mackinnon) 집안에 전수한 리큐르로 품질이 좋은 60여종의 스카치 위스키에 히스꽃(Heath)에서 채취한 꿀과 약초, 향신료 등 수십가지를 섞어서 15년간 숙성시킨 알코올 농도 40도인 제품이다. 현재 에든버러(Edinburgh)에서 생산하고 있으며 드람부이(Drambuie)는 게일어로 'An Dram Buidheach(마시면 만족한 즐거움을 준다)'는 뜻이다.

Drambuie

### Galliano (갈리아노)

이탈리아 투스카나 지방의 리보르노에서 나오는 이탈리아의 대표적인 리큐르로 여러 가지 약초, 향초, 꿀 등 40여 종 이상의 원료를 가지고 만든 노란색 리큐르이다. 알코올 도수는 40도이고, 주로 칵테일을 만들 때 많이 사용되고 있다. 1896년 아비시니아(에티오피아의 옛 이름)와 전쟁 당시 공을 많이 세운 전쟁영웅 쥬세페 갈리아노(Giuseppe Galliano) 장군의 이름에서 땄다.

Galliano

### Grand Marnier (그랑 마르니에)

1827년부터 생산하기 시작했으며 오렌지 큐라소의 대표적인 상표로 3~4년 된 꼬냑에 큐라소 오렌지 껍질과 수종의 과일을 첨가해서 만든 리큐르이다. 오렌지 맛과 향이 나는 프랑스산 고급 리큐르로 알코올 도수는 40도이다.

Grand Marnier

### Irish Mist (아이리시 미스트 )

아이리시 위스키에 히스꽃(Heath Bell)에서 채취한 꿀과 수십 종의 향료를 배합하여 만든 아일랜드산 리큐르이다. 알코올 도수는 40도이다.

### Kahlua (칼루 아)

브랜디를 베이스로 커피, 코코아, 바닐라 등을 첨가하여 만든 멕시코산 커피 리큐르이다. 알코올 도수는 26도이다. .

Kahlua

### Kummel (쿰 멜)

이 리큐르는 캐러웨이(Caraway), 커민(Cumin) 등의 원료를 사용하여 만들었으며, 알코올 도수 43도이다. 혼성주 제법 중 에센스법의 대표적인 리큐르이다.

Kummel

### Malibu (말리부 )

자메이카산의 라이트 럼에 카리브해 지역에서 생산되는 코코넛과 당분을 넣어 만든 무색 투명한 리큐르이다.

Malibu

Melon Liqueur

### Melon Liqueur (멜론 리큐르)

네덜란드에서 생산하며 머스크멜론
(muskmelon)의 맛과 향이 나는 초록색
의 리큐르이다.

Midori

### Midori (미도리)

일본에서 생산되는 멜론 리큐르이다.

Sloe Gin

### Sloe Gin (슬로 진)

진을 베이스로 슬로우베리(Sloe Berry), 플럼(Plum), 프룬
(Prune) 등의 야생자두 종류와 아몬드, 설탕 등을 넣어서 만
들었다. 현재 여러 나라에서 생산하고 있으며 알코올 도수는
21도 정도이다.

### Sambuca (삼부카)

이탈리아에서 생산되는 리큐르로 엘더베리를 주원료로 하여
여러 가지 약초로 만든 특산주이다. 감초의 맛과 향이 강한 리
큐르로 White와 Black 두 가지 색이 있다.

Sambuca

### Southern Comfort (써던 컴포트)

미국을 대표하는 리큐르로 19세기 뉴올리언스에서 만들어졌다. 저장 숙성한 버번 위스키 원액에다 복숭아 혼성주, 생복숭아와 여러 가지 과일을 넣어서 만든 리큐르로 알코올 도수는 43도이다.

Southern Comfort

### Triple Sec (트리플 섹)

세 번 증류했다는 뜻에서 나온 트리플 섹은 현재 여러 나라에서 생산되고 있으며, 오렌지의 과피를 첨가하여 만들었기 때문에 오렌지의 맛과 향을 가지고 있으며 칵테일의 부재료로 많이 사용되고 있다.

Triple Sec

Tia Maria

### Tia Maria (티아 마리아)

럼에다 자메이카산 블루 마운틴 커피를 원료로 하여 만든 품질이 좋은 커피 리큐어이다.

## 3) Bitter(비터)

비터류(Bitter)는 여러 나라에서 생산되며 만드는 비법도 각기 비밀에 싸여 있고 재료도 다양하다. 지역에 따라 자생하는 식물(약초)을 많이 사용하는데 대부분의 비터가 처음 개발할 때 술로 만든 것이 아니라 소화촉진제, 강장제, 위장약, 해열제와 같은 약용으로 개발된 것이 지금까지 오게 된 것이다. 만드는데 사용되는 재료로는 여러 가지 증류주에 식물의 줄기, 잎, 뿌리, 꽃, 씨, 열매 등을 원료로 많이 사용하며 특히 약초 종류를 많이 사용하여 대부분 쓴맛이 강하게 난다. 이렇게 만들어진 비터는 약용으로도 이용되지만 칵테일을 만들 때 부재료로 많이 사용되며 요리를 만들 때 향신료로도 사용되고 있다.

### (1) 앙고스투라 비터스(Angostura Bitters)

서인도제도에 있는 베네주엘라 트리니다드(Trinidad)섬에서 생산되며 알코올 도수는 45도이다. 1824년 영국군 군의장교인 시거트(J.G.B. Siegert)가 럼과 앙고스투라 나무 껍질을 주원료로 하여 여러 가지 약초와 열매, 씨, 뿌리 등을 이용하여 처음엔 소화촉진 위장약으로 개발되었다가 오늘날에는 칵테일을 만들 때 부재료로 쓰인다.

### (2) 캄파리(Campari)

이탈리아의 대표적인 리큐르 중의 하나로 1860년 이탈리아 북부에 위치해 있는 밀라노시에서 가스파렛 캄파리에 의해 만들어졌다. 오렌지 껍질과 키니네, 커리앤드, 캐러웨이 등을 첨가하여 만든 붉은 색 비터(Bitter)는 1932년 캄파리소다(Camparisoda)를 만들어 미국에 수출하여 널리 알려지게 되었다. 식욕증진을 위해 식전에 많이 마신다.

# 1장 예상문제

## 주류개관

**1.** 양주의 제조과정 분류로 맞는 것은?
① 양조주, 발효주, 혼합주
② 증류주, 발효주, 양조주
③ 양조주, 증류주, 혼성주
④ 양조주, 증류주, 과실주

**2.** 제2차 세계대전 당시 아프리카에서 더위와 피로에 지친 영국군을 위해 만든 탄산음료는?
① 진저엘
② 칼린스 믹서
③ 토닉 워터
④ 콜라

**3.** 양조주에 속하지 않는 것은?
① 청주
② 맥주
③ 고량주
④ 약주

**4.** 다음 중 혼성주에 속하는 술은?
① Champagne
② Galliano
③ Wine
④ Tequila

**5.** 증류주에 속하지 않는 다른 하나는?
① Brandy
② Rum
③ Whisky
④ Champagne

**6.** 양조주(발효주)에 속하지 않는 것은?
① Brandy
② Sherry
③ Vermouth
④ Port Wine

- 꼭 알아두어야 한다.

- 고량주는 중국에서 전래된 증류주로 고량(高粱 ; 수수)으로 만든 술이다.

- Champagne, Wine – 발효주(양조주), Tequila – 증류주, Galliano – 리큐르

- Champagne은 발효주이다. 이와 같이 종류나 분류를 묻는 문제가 매년 출제된다.

- 브랜디는 증류주이다.

**정답**  1. ③  2. ③  3. ③  4. ②  5. ④  6. ①

**7.** 다음 중 청량음료가 아닌 것은?

① Collins Mixer      ② Coke

③ Cider      ④ Soda Water



**8.** 다음 중 Scotch Whisky에 섞어 마시는 음료로 가장 알맞은 것은?

① Collins Mixer      ② Soda Water

③ Coke      ④ Tonic Water



**9.** 다음 중 Bourbon Whiskey에 섞어 마시는 음료로 가장 알맞은 것은?

① Collins Mixer      ② Soda Water

③ Coke      ④ Tonic Water



**10.** 다음 중 Gin에 섞어 마시는 음료로 가장 알맞은 것은?

① Collins Mixer      ② Soda Water

③ Coke      ④ Tonic Water



**11.** 다음 중 생강이 든 청량음료로써 브랜디에 섞어마시는 음료는?

① Gingerale      ② Tonic Water

③ Coke      ④ Collins Mixer

**12.** 우리 나라 주세법상 몇 도 이상을 술이라고 하는가?

① 알코올 0.5도 이상      ② 알코올 1도 이상

③ 알코올 2도 이상      ④ 알코올 6도 이상

---

**정 답**     7. ③    8. ②    9. ③    10. ④    11. ①    12. ②

## 맥주

**1.** 다음 중 상면발효 맥주가 아닌 것은?
① Porter Beer　　　　② Ale
③ Stout Beer　　　　④ Pilsner

**2.** FIFO(First-in, First-out)의 원칙에 가장 충실해야 하는 것은?
① 맥주　　　　② 진
③ 보드카　　　　④ 와인

**3.** Draft beer에 대한 설명으로 옳은 것은?
① 병맥주
② 살균한 맥주
③ 저장 가능한 맥주
④ 살균하지 않아 장기간 저장할 수 없는 맥주

**4.** 맥주의 주원료가 아닌 것은?
① 물　　　　② 탄산
③ 효모　　　　④ 보리

**5.** 맥주의 알코올 도수로 가장 알맞은 것은?
① 2~3℃　　　　② 4~6℃
③ 10~13℃　　　　④ 18~20℃

**6.** 살균처리하여 장기간 저장 가능한 맥주를 무엇이라 하는가?
① Lager Beer　　　　② Draft Beer
③ Porter Beer　　　　④ Bottle Beer

---

● 상면발효 맥주 3가지를 기억하고 (포터, 에일, 스타우트), 나라로는 영국이 유명하다.

● 맥주 중에서도 생맥주는 저장기간이 길지 않기 때문에 제품의 신선도가 중요하다.

● 살균 처리 유무에 따라 Lager Beer와 Draft Beer로 나뉜다.

● 맥주의 4대 주원료는 물(water), 보리(malt), 호프(hop), 효모(yeast) 등이다.

● 주정도수를 [%] 또는 [℃] 나타낸다.

● Lager Beer와 Draft Beer의 차이점을 알아두자. 종종 출제되는 문제이다.

---

**정 답**　　1. ④　2. ①　3. ④　4. ②　5. ②　6. ①

**7.** 맥주는 다음 중 어디에 속하는가 ?

① 증류주

② 혼성주

③ 강화주

④ 양조주



**8.** 맥주의 제공온도로 가장 적당한 것은?

① 여름 3℃, 겨울 5℃

② 여름 7℃, 겨울 5℃

③ 여름 3℃, 겨울 10℃

④ 여름 7℃, 겨울 10℃



**9.** 생맥주 취급시 유의할 점이 아닌 것은 ?

① 온도

② 압력

③ 저장량

④ 청결

**10.** 상면발효 맥주로 유명한 나라는?

① 미국　　　　　　　② 체코

③ 독일　　　　　　　④ 영국



**11.** 맥주를 따를 때 거품을 크게 해서 마시는 이유 중 틀린 것은?

① 보기에 좋고 맛도 좋다.

② 거품을 나게 해서 마시면 오랫동안 맛을 유지할 수 있다.

③ 거품이 맥주의 향과 맛의 증발을 막는다.

④ 거품이 있으면 맥주를 적게 마실 수 있다.

**정 답**　　7. ④　8. ④　9. ③　10. ④　11. ④

## 와 인

**1.** 앙뜨레(Entree)를 먹을 때 어떤 와인을 마시는가?
① Red Wine  ② White Wine
③ Brandy  ④ Sherry

> 앙뜨레는 육류를 사용한다.

**2.** Aperitif Wine으로 적당하지 않은 것은 ?
① Sherry Wine  ② Vermouth
③ Brandy  ④ White Wine

> Aperitif Wine은 식사하기 전에 마시는 식전 와인을 말하며 브랜디는 식사가 끝난 식후(食後)에 마시는 것이 좋다.

**3.** 다음 보기의 관계에서 틀린 것은 ?
① Sherry - Aperitif Wine
② Vermouth - White Wine
③ Port Wine - 프랑스가 유명하다.
④ Brandy - Dessert Wine

> 포트와인은 포르투갈의 Douro(도루)지방에서 생산되는 와인이다.

**4.** Vermouth로 유명한 나라는?
① 이탈리아  ② 프랑스
③ 멕시코  ④ 스페인

**5.** Sherry와 관계가 먼 것은?
① 강화 와인  ② 식전주
③ 캄파리  ④ 백포도주

**6.** Champagne은 다음 중 어디에 속하는가?
① 양조주  ② 증류주
③ 혼성주  ④ 답이 없다.

> 샴페인은 발효시켜 만든 발포성 와인이다.

**정 답**  1. ①  2. ③  3. ③  4. ①  5. ③  6. ①

**7.** Red wine의 적당한 서브 온도는?

① 9~10 ℃　　　　② 10~13 ℃

③ 15~17 ℃　　　　④ 17~19 ℃

**8.** 프랑스의 샴페인 발명자는 누구인가?

① Dom Perignon　　　② Pasteur

③ Sylvius　　　④ Aeneas Coffey

**9.** Claret Wine이란 무엇을 말하는가?

① 코냑 지방의 브랜디

② 샹파뉴 지방의 샴페인

③ 아르마냑 지방의 적포도주

④ 보르도 지방의 적포도주

**10.** Aperitif 음료로 틀린 것은?

① Sherry

② Vermouth

③ Port Win

④ Campari

**11.** (식사와 와인) Dessert로 적당하지 않은 것은?

① Port Wine

② Brandy

③ Liqueur

④ Sherry

**12.** 이탈리아에서 생산되는 대표적인 와인은?

① Sherry　　　　② Aquavit

③ Vermouth　　　　④ Tequila



**정답**　　7. ④　　8. ①　　9. ④　　10. ③　　11. ④　　12. ③

**13.** 생선류에 알맞은 Wine은?

① Red Wine

② White Wine

③ Port Wine

④ Rose Wine

**14.** 발효 도중에 Brandy를 첨가한 Wine을 무엇이라고 하는가?

① Still Wine

② Flavored Wine

③ Sparkling Wine

④ Fortified Wine

**5.** White Wine의 제공온도로 가장 적당한 것은?

① 1∼3℃    ② 4∼6℃

③ 7∼10℃    ④ 12∼15℃

**16.** 판매 후 남은 술을 오래 보관할 수 없는 것은?

① Whisky    ② Wine

③ Vodka    ④ Gin

**17.** 와인의 품질을 결정하는 요소가 아닌 것은?

① 기후    ② 토양

③ 물    ④ 포도

**18.** 와인을 글라스에 따를 때, 어느 정도 채워야 적절한가?

① 2∼3부    ② 3∼4부

③ 5∼6부    ④ 7∼8부

○ 어류에는 white wine, 육류에는 red wine식의 문제는 객관성이 떨어지는 문제이다. 맛과 취향은 그 개인에 따라 틀리며, 실질적으로 경우에 따라 그 반대인 경우가 알맞을 때도 있다.

○ White Wine은 7∼10℃, Red Wine은 실온인 17∼19℃에 제공한다.

○ 와인 제조과정 중 물은 전혀 사용되지 않는다.

○ 주관적인 문제이다. 와인글라스를 채울 때에는 절반 정도 따르는 것이 좋으나, 3∼4부 따르는 것도 틀린 답이라고 보기는 힘들다.

**19.** 샴페인을 제공할 때 쓰이는 기물이 아닌 것은?

① Cube Ice

② Ice Tong

③ Ice Bucket

④ Bucket Stand



**20.** 서브 온도가 다른 음료는 어느 것인가?

① White Wine

② Red Wine

③ Sherry

④ Vermonth



**21.** young wine은 보통 몇 년 된 와인을 말하는가?

① 5년 이하

② 5~10년

③ 10~15년

④ 15년 이상



**22.** champagne 맛의 분류 중 가장 당도가 낮은 것은?.

① brut

② sec

③ demi sec

④ doux



**정 답**    19. ②   20. ②   21. ①   22. ④

## 위 스 키

**1.** Scotch Whisky의 설명 중 틀린 것은?
① 단식 증류기(Pot Still)를 사용한다.
② 맥아를 원료로 한다.
③ 특유의 피트(Peat)향이 난다.
④ 원료로 51% 이상의 옥수수를 포함시켜야 한다.

> 보기④번은 Bourbon whiskey 의 특징이다.

**2.** Scotch Whisky의 주원료는 무엇인가?
① 옥수수    ② 맥아
③ 사탕수수    ④ 감자

**3.** 연속식 증류법에 대한 설명 중 틀린 것은?
① 맛과 향기의 보존성이 뛰어나다.
② 대량생산이 가능하다.
③ 고농도 추출원액이 가능하다.
④ 연속작업을 할 수 있다.

> 단식 증류기에 비해 맛과 향의 파손 위험이 크다.

**4.** 다음 중 Bourbon Whiskey가 아닌 것은?
① Old Grand Dad    ② White Horse
③ Jim Beam    ④ I.W. Harper

> White Horse는 Scotch Whisky이다.

**5.** (종류) 다음 중 Scotch Whisky가 아닌 것은?
① Johnnie Walker    ② Cutty Sark
③ VAT 69    ④ Old Grand Dad

> Old Grand Dad는 Bourbon Whiskey 이다.

**6.** Whisky의 86 proof은 몇 도인가?
① 43도    ② 86도
③ 23도    ④ 46도

> 도(℃)는 Proof 단위의 ½이다.

**정 답**    1. ④  2. ②  3. ①  4. ②  5. ④  6. ①

**7.** 다음 중 캐나다 위스키가 아닌 것은?

① Canadian Club (C.C)　　② Seagram V.O.

③ Crown Royal　　④ Old Grand Dad

**8.** Scotch Whisky 종류 중 다른 하나는 무엇인가?

① VAT 69　　② White Horse

③ Old Parr　　④ I.W. Harper

**9.** 위스키 제조과정을 순서 있게 나열한 것은?

① 발아 → 건조 → 당화 → 숙성 → 증류 → 병입

② 발아 → 건조 → 분쇄 → 당화 → 혼합 → 증류

③ 발아 → 건조 → 당화 → 분쇄 → 발효 → 숙성

④ 발아 → 건조 → 당화 → 증류 → 혼합 → 병입

**10.** 위스키에 피트향이 나는 이유로 알맞은 것은?

① 발효시킬 때 피트를 첨가

② 맥아(엿기름)를 피트로 건조

③ 혼합(Blending)할 때 피트향 첨가

④ 증류시킨 뒤 피트향을 첨가

**11.** 스카치 위스키와 관련이 없는 것은?

① 피트(Peat)　　② 밀조

③ 오크통(Oak Cask)　　④ 여과

**12.** 다음 중 Corn whiskey의 설명 중 맞는 것은?

① Corn이 20%이상 포함되어야 한다.

② Corn이 40%이상 포함되어야 한다.

③ Corn이 50%이상 포함되어야 한다.

④ Corn이 80%이상 포함되어야 한다.

----

- Old Grand Dad는 Bourbon Whiskey 이다.

- I.W. Harper는 Bour-bon Whiskey 이다.

- 발아→건조→분쇄 →당화→발효→증 류→숙성→혼합→ 병입

- 스카치 위스키는 맥아(malt)를 건 조시킬 때, 피트 (peat)를 태우기 때문에 그 향이 위스키에 스며들 어 고유의 성격을 나타내게 된다.

- 80% 이상의 옥수 수를 원료로 80도 이하로 증류한 뒤 헌 오크통에서 2 년간 숙성시킨 위 스키를 말한다.

----

**정 답**　　7. ④　8. ④　9. ④　10. ②　11. ④　12. ④

# 브랜디

**1.** 다음 브랜디 숙성도 중 가장 오래된 것은?
① V.S.  ② V.S.O.P
③ X.O.  ④ Extra

**2.** 다음 중 Cognac 지방 상표가 아닌 것은?
① Chabot  ② Martell
③ Bisquit  ④ Courvoisier

**3.** Brandy의 숙성도 표시 중 V.S.O.P.를 바르게 표기한 것은?
① Very Special Of Period  ② Very Superior Old Pale
③ Very Some Old Pale  ④ Very Special Old Pot

**4.** 다음 설명 중 옳은 것은?
① 브랜디와 코냑은 같은 말이다.
② 프랑스에서 생산되는 브랜디를 코냑이라고 한다.
③ 브랜디는 포도만을 원료로 한다.
④ 코냑지방의 브랜디를 코냑이라고 한다.

**5.** 사과를 원료로 한 Apple Brandy는?
① Cider  ② Kirsch
③ Calvados  ④ Chabot

**6.** 브랜디를 마실 때 잔을 감싸고 마시는 이유는?
① 스팀(stem)이 짧아서
② 잔이 커서
③ 손바닥의 체열로 데우기 위해
④ 멋있어 보이라고

- V.S.→V.S.O.P→ X.O.→Extra의 순이다. 매번 출제되는 문제이므로 확실히 알아두자

- Chabot는 아르마냑(Armagnac)지방 제품이다.

- 노르망디 지방에서 생산되는 애플 브랜디(Apple brandy) 칼바도스(Calvados) 등이 있다.

- 칼바도스는 노르망디지역에서 생산 되는 Apple Brandy이다.

- 좋은 브랜디는 향과 색을 즐기며 마시는 고급술이다.

**정 답**　1. ④　2. ①　3. ②　4. ④　5. ③　6. ③

**1.** 칵테일 조주시 가장 많이 사용되는 Gin은?

① Sloe Gin      ② Flavored Gin

③ Dry Gin      ④ Sweet Gin

**2.** 다음 중 London Dry Gin이 아닌 것은?

① Bols      ② Bombay

③ Tanqueray      ④ Gilbey's

**3.** 다음 중 증류주가 아닌 것은?

① Brandy      ② Vodka

③ Tequila      ④ Sloe Gin

**4.** 다음 중 Gin의 원료로 틀린 것은?

① 옥수수      ② 보리

③ 밀      ④ 사탕수수

**5.** 쥬니퍼 베리(Juniper berry)를 첨가한 증류주는?

① Vodka      ② Gin

③ Rum      ④ Tequila

**6.** Gin을 발명한 사람은 누구인가?

① Dom Perignon      ② Coffey

③ Sylvius      ④ Pasteur

**7.** 약간의 설탕(1~2%)을 첨가한 Gin은?

① Holland Gin      ② London Dry Gin

③ Sloe Gon      ④ Old Tom Gin

○ Bols는 네덜란드 진이다.

○ 슬로진(Sloe Gin)은 자두열매와 당분을 배합한 혼성주(리큐르)이다.

○ 사탕수수는 Rum의 주원료이다.

**정답**    1. ③   2. ①   3. ④   4. ④   5. ②   6. ③   7. ④

**8.** 네덜란드(Dutch)의 Lyden 대학의 Sylvius 교수가 최초로 발명한 술은?

① Gin

② Rum

③ Vodka

④ Whisky

**9.** 진에 대한 설명으로 틀린 것은?

① 무색·투명의 증류주이다.

② 처음엔 약용으로 쓰였다.

③ 원료는 사탕수수이며, 쥬니퍼 베리를 첨가시켰다.

④ 네덜란드의 실비우스 박사가 만들었다.

○ 진의 원료는 보리, 밀, 옥수수이다.

**10.** Gin의 특징으로 틀린 것은?

① 칵테일 베이스로 많이 쓰인다.

② 중남미 등지에서 제조되고 있다.

③ 무색, 투명이다.

④ 처음엔 해열제로 쓰였다.

○ ②는 럼의 설명이다.

**11.** 드라이 진(Dry Gin)으로 유명한 나라는?

① 네덜란드

② 미국

③ 영국

④ 쿠바

정 답   8. ①   9. ③   10. ②   11. ③

**1.** Light Rum의 설명이 틀린 것은?

① White와 Gold 두 가지 색이 있다

② 쿠바산이 유명하다

③ Dry Rum이다

④ 감미가 높다

**2.** 칵테일 전용으로 쓰이는 Rum은 어떤 것인가?

① Heavy Rum　　　　② Medium Rum

③ Light Rum　　　　④ Dark Rum

**3.** Rum의 원산지는 다음 중 어디인가?

① 프랑스　　　　② 러시아

③ 네덜란드　　　　④ 서인도 제도

**4.** Rum의 주원료는 무엇인가?

① 맥아　　　　② 밀

③ 감자　　　　④ 사탕수수

**5.** Straight나 On the rocks로 마시는 Rum은?

① Heavy Rum　　　　② Medium Rum

③ Light Rum　　　　④ Dry Rum

**6.** 곡물의 전분을 원료로 해서 만든 술이 아닌 것은?

① 위스키(Whisky)

② 진(Gin)

③ 보드카(Vodka)

④ 럼(Rum)

○ Heavy Rum은 감미(甘味)가 높고, 풍미(風味)가 무겁다.

○ Light Rum은 칵테일을 만들 때 많이 사용되고, Heavy Rum은 스트레이트나 온더락스로 많이 마신다.

○ Rum은 사탕수수에서 설탕을 만들고 난 당밀을 발효, 증류한 술이다.

○ Light Rum은 칵테일용으로, Heavy Rum은 on the rocks용으로 많이 이용한다.

○ 럼은 사탕수수의 당밀을 이용해서 만든다.

**정 답**　　1. ④　2. ③　3. ④　4. ④　5. ①

## 보드카

**1.** 보드카의 설명 중 틀린 것은?

① 러시아에서 처음으로 만들었다.

② 증류 후 활성탄으로 여과시킨다.

③ 단식증류기로 3회 한다.

④ 칵테일의 기주로 쓰인다.

**2.** 보드카의 설명 중 관계없는 것은 무엇인가?

① 무색, 무미, 무취이다.

② 원료로는 밀, 호밀, 옥수수, 감자, 사탕 등이다.

③ 주정도가 강하다.

④ 쥬니퍼 베리로 냄새를 제거하였다.

○ 보드카는 연속식 증류기를 사용해서 만든다.

○ ④은 Gin의 설명이다.

**정 답**   1. ③   2. ④

# 테킬라

**1.** Tequila와 관계가 없는 것은?

① 멕시코

② 혼성주

③ 용설란

④ 풀케

○ 테킬라는 풀케를 증류한 멕시코산 특산주이다.

**2.** 다음 중 서로 관계가 틀린 것은?

① Tequila - 멕시코, 용설란

② Vodka - 무색, 무미, 무취

③ Rum - 사탕수수, 네덜란드 기원

④ Gin - 쥬니퍼베리, 런던 드라이 진

○ Rum의 원산지는 서인도 제도이다.

**3.** 테킬라의 설명 중 틀린 것은?

① 멕시코가 원산지이다.

② 숙성시킨 호박색 테킬라도 있다.

③ 아가베(Agave)로 만든 혼성주이다.

④ 풀케(Pulque)를 증류시킨 증류주이다.

○ 테킬라는 증류주 이다.

**정 답**　　1. ②　2. ③　3. ③

## 리큐르

**1.** 혼성주를 만드는 제조법이 아닌 것은?
① 증류법
② 침출법
③ 발효법
④ 향유혼합법

**2.** 혼성주의 원료로 적합하지 못한 것은?
① 약초  ② 과실
③ 종자  ④ 곡물

**3.** 스카치 위스키에 벌꿀을 혼합한 리큐르는?
① Chartreuse  ② Benedictine
③ Campari  ④ Drambuie

**4.** 다음 중 B & B는 Brandy와 무엇을 말하는가?
① Beer  ② Bombay
③ Benedictine  ④ Barbados

**5.** 수도원(승원)이란 뜻을 가진 리큐르로써 일명 리큐르의 여왕이라고 불리는 술은?
① Chartreuse  ② Drambuie
③ Benedictine  ④ Cointreau

**6.** 칵테일의 맛과 색깔을 결정짓는 데 큰 역할을 하는것은?
① 부재료  ② 혼성주
③ 양조주  ④ 증류주

○ 문제의 의도만 파악하면 되는 문제이다.

정 답   1. ③   2. ④   3. ④   4. ③   5. ①   6. ②

**7.** 혼성주의 제법 중 값이 싸고 품질이 좋지 않은 방법은?

① Distilled process  　　② Infusion process

③ Essence process  　　④ Alcholate process

**8.** 혼성주의 기능으로 가장 알맞는 것은?

① 이뇨해열제  　　② 혈액순환제

③ 소화촉진제  　　④ 피로회복제

**9.** 다음 중 첨가물이 다른 하나는?

① Cointreau  　　② Triple-Sec

③ Curas ao  　　④ Calvados

**10.** 알코올(Spirit)에 과일, 향료, 약초 및 설탕을 넣어 향과 맛을 우려내는 방법은?

① Distilled Process  　　② Infusion Process

③ Essence Process  　　④ Alcholate Process

○ 영어식 표현으로 출제되고 있으니 알아두자.

○ 칼바도스는 사과주를 증류한 증류주이고, 나머진 오렌지 리큐르(혼성주)이다.

정 답　　7. ③　8. ④　9. ④　10. ②

2장
칵테일

# 제 1 절  칵테일의 정의

술과 술을 혼합하거나, 술에 과즙음료, 탄산음료 등을 섞어서 만든 혼합음료(Mixed Drink)를 말한다. 하지만, 술을 넣지 않은 무알코올 칵테일도 있다. 알코올이 함유된 음료를 Hard Drink라 하며, 알코올 성분이 없는 음료를 Soft Drink라 한다.

## 1. 칵테일과 시간

### 1) Appetizer Cocktail(Before Cocktail)

식전에 마시기에 적절한 칵테일로 식욕을 증진시키기 위해서 마신다. 단맛이 강하지 않고 깔끔한 맛의 칵테일이 적당하다.

### 2) Dessert Cocktail(After Cocktail)

식후에 마시기에 적절한 칵테일로 식후의 입맛을 바꾸고 소화를 촉진시키기 위해서 마신다. 달콤하고 진한 칵테일이 적당하다.

## 3) Anytime Cocktail(All Day Cocktail)

때에 관계없이 언제 마셔도 좋은 칵테일로 대부분의 칵테일이 이것이라 볼 수 있다.

## 4) Nightcap Cocktail

자기 전에 마시기에 적당한 칵테일로 취침 전 무드나 숙면을 위해서 마신다.

# 제2절  스타일에 따른 분류

칵테일을 스타일별로 분류한 부분으로 여기서 소개되는 여러 가지 종류는 고전적인 타입과 필기시험에서 거론하거나 출제되는 것을 중심으로 다루었으며, 요즘 새롭게 개발되는 칵테일들은 제외시켰다.

■ 칼린스(Collins) 스타일

제법 : 원하는 술+레몬주스+설탕+소다수+얼음+장식(Lemon Slice & Cherry)

연회에 초대받은 손님에게 인사로 만들어 드리는 Long Drink로 12온스 칼린스 글라스에 제공한다. 우선 쉐이커에 Cubed Ice, 원하는 술, 레몬주스, 설탕을 넣고 쉐이킹한 다음 글라스에 따르고 글라스의 나머지를 소다수로 채워주고 Lemon Slice & Cherry로 가니시한 칵테일을 말한다. 대표적인 칵테일로 존 칼린스, 탐 칼린스 등이 있다. 요즘에는 Collins Mix를 사용하고 있어 레몬주스, 설탕, 소다수의 기능을 함께 하고 있다.

■ 쿨러(Cooler) 스타일

제법 : 원하는 술+레몬주스+설탕+소다수+얼음+장식(Lemon Wedge)

쿨러란 차고 상쾌한 음료라는 뜻으로 쉐이커에 Cubed Ice, 원하는 술, 레몬주스, 설탕을 넣고 쉐이킹한 다음 얼음을 채운 8온스 하이볼 글라스에 따르고, 소다수로 채운 뒤 가볍게 스터하고 Lemon Wedge로 가니시한 칵테일을 말한다.

■ 컵(Cup)

정찬축배에서 온 말로서 축제, 옥외파티, 야외 등에서 마신다. 컵은 큰 그릇에 대량으로 만들어서 떠서 마신다.

### ■ 에그녁(Eggnog) 스타일

제법 : 원하는 술＋계란＋우유＋설탕＋얼음

계란을 사용한 음료로 미국에선 크리스마스 때 애용하는 건강식 칵테일이다. 뜨거운 것과 찬 것 두종류가 있다.

### ■ 피즈(Fizz) 스타일

제법 : 원하는 술＋레몬주스＋설탕＋소다수＋얼음＋장식(Lemon Slice)

Shaker에 원하는 술과 레몬주스, 설탕, 얼음을 넣고 쉐이킹한 후 얼음을 넣은 하이볼 글라스에 따른 다음 소다수로 마저 채워주고 Lemon Slice로 가니시한 칵테일을 말한다.

### ■ 플립(Flip) 스타일

제법 : 원하는 술＋계란 노른자＋우유＋설탕＋얼음

원하는 술에 계란, 우유, 설탕을 넣는 스타일로 에그녁(Eggnog)과 비슷하지만 플립(Flip)은 계란 노른자(Egg York)만을 사용한다.

### ■ 프라페(Frappe) 스타일

제법 : 원하는 술＋얼음(Crushed Ice)

'얼음으로 차게 하다'는 뜻을 가진 프라페는 원하는 술과 잘게 부순 얼음을 함께 쉐이킹해서 글라스에 따르는 방법과 잘게 부순 얼음을 담은 글라스에 직접 따르는 두 가지 방법이 있다. 잔으로는 Saucer Champagne Glass를 사용한다.

### ■ 하이볼(Highball) 스타일

제법 : 원하는 술＋주스나 청량음료＋얼음

하이볼 글라스에 Cubed Ice와 원하는 술을 넣고, 다른 한가지로 주스나 청량음료 등을 넣어서 만드는 빌드 스타일을 말한다.

### ■ 하프 앤 하프(Half & Half) 스타일

2종류의 재료를 반씩 넣는 칵테일로 맥주와 다른 것을 넣어서 만든다.

■ 쥴렙(Julep) 스타일

원하는 술에 민트 잎사귀를 섞어 넣는 스타일로 글라스에는 잘게 부순 얼음을 넣어 둔다. 미국 남부에서 오래 전부터 전해 내려오는 스타일로 처음엔 와인을 기주(基酒)로 했으나 남북전쟁 이후 버번 위스키를 많이 사용한다.

■ 미스트(Mist) 스타일

제법 : 증류주+얼음(Crushed Ice)

Old Fashion Glass에 Crushed Ice를 채우고 원하는 술을 넣어주는 Frappe 와 비슷한 스타일이다.

■ 푸스 카페(Pousse Cafe) 스타일

리큐르, 증류주, 시럽 등을 비중이 큰 것부터 섞이지 않게 순서대로 쌓는 스타일이다. 이 칵테일은 여러 가지 색을 즐기면서 마시는 칵테일로 각각의 술의 비중을 알아야 하고 브랜드마다 비중이 다르므로 주의해야 한다.

■ 펀치(Punch) 스타일

와인, 스피리츠 등을 베이스로 해서 리큐르, 주스, 과일 등을 넣고 만드는 스타일이다. 컵(Cup)과 같이 축제나 파티 등에서 만들어 마시는 파티 드링크로 펀치볼에 몇 인분씩 만들어 놓는 경우가 많다. 펀치란 우주를 구성하는 5가지를 의미하는 말로 산스크리트어 Pancha(펀차), 힌두어 Punch(폰세)에서 유래되었다고 한다.

■ 릭키(Rickey) 스타일

제법 : 원하는 술+라임주스+소다수+얼음

하이볼 글라스에 Cubed Ice와 원하는 술, 라임주스, 소다수를 넣어서 만드는 칵테일로 보통은 라임주스를 쓰지만 없을 땐 레몬주스를 쓴다. 칼린스 와 비슷한 이 칵테일은 설탕을 넣지 않는 시큼한 음료이다.

### ■ 슬링(Sling) 스타일

슬링은 독일어의 'Schlingen(슈링겡, 삼키다)'에서 온 말로 증류주에 레몬 주스와 설탕을 넣고 소다수를 사용하여 만드는 스타일로 처음엔 소다수 대신에 물을 사용하여 뜨거운 물과 차가운 물로 만드는 두 가지 방법이 있었으며 지금은 소다수를 사용하여 만드는 것이 일반적이다. 대표적인 것으로 진 슬링, 싱가폴 슬링 등이 있다.

### ■ 사워(Sour) 스타일

제법 : 원하는 술+레몬주스+소다수+설탕+얼음+장식(Orange Slice)

증류주에 레몬 주스, 설탕 등을 넣어 단맛과 신맛을 느낄 수 있는 스타일이다. 미국에서는 소다수를 쓰지 않는 것이 원칙이고 소다수와 샴페인 등을 쓰는 경우도 있다. Shaker에 얼음, 원하는 술, 레몬주스, 설탕을 넣고 잘 흔들어서 Sour Glass에 얼음을 걸러 따라주고 소다수로 나머지 부분을 채워주고 Orange Slice로 가니시를 한다.

### ■ 토디(Toddy) 스타일

제법 : 원하는 술+설탕+향신료+물

텀블러나 올드 패션드 글라스에 설탕을 넣고 증류주와 물, 향신료 등을 섞는 스타일이다. 예전부터 영국에서는 추울 때 핫 드링크로 사랑받아 왔다. 물은 찬물과 뜨거운 물 두 가지를 사용해서 만든다.

# 제3절  칵테일 만드는 방법

- **빌딩(Building)**

  Shaker(쉐이커)나 Mixing Glass(믹싱글라스)를 사용하지 않고, 글라스에 직접 재료와 얼음을 함께 넣고 만드는 방법이다. 푸어링(Pouring)이라고도 말한다.

- **스터링(Stirring)**

  Mixing Glass(믹싱글라스)에 필요한 재료와 얼음을 넣고 바 스푼(Bar Spoon)으로 잘 저어주는 방법이다.

- **쉐이킹(Shaking)**

  Shaker(쉐이커)에 필요한 재료와 얼음을 넣고 잘 흔들어서 만드는 방법이다.

- **프로팅(Floating)**

  술, 음료 등의 비중을 이용해서 층을 만드는 방법이다.

- **블렌딩(Blending)**

  블렌더(Blender)에 필요한 재료와 크러쉬드 아이스(Crushed Ice)를 넣고 혼합해서 만드는 방법이다.

- **프로스트(Frosting)**

  잔의 테두리(rim)에 설탕이나 소금을 묻히는 방법이다.

# 제4절  기구 및 도구

- **Bar Spoon(바 스푼)**

  재료를 저을 때나 소량의 재료를 잴 때 사용하는 긴 스푼을 말한다. 재료의 혼합이 용이하도록 자루의 중앙이 나선형으로 되어 있는 것이 특징이다.

- **Bar Towel(바 타월) · Glass Towel(글라스 타월)**

  Bar에서 쓰는 천으로 글라스의 물기를 닦거나 기물의 윤을 낼 때 사용하는 수건은 Glass Towel(글라스 타월)이라고 말하며, 전반적으로 바 카운터에서 칵테일을 만들 때 사용하는 위생수건은 Bar Towel(바 타월)이라고 한다.

- **Blender(블렌더)**

  혼합하기 어려운 계란, 우유, 생과일 등의 재료를 섞거나 프로즌 스타일(Frozen style)의 칵테일을 만들 때 사용하며 Mixer(믹서)라고 부르기도 한다.

- **Bottle Opener(바틀 오프너)**

  병따개를 말한다.

- **Coaster(코스터)**

  잔 받침. 잔에 묻은 물기를 빨아들이기 위한 것이다.

- **Cocktail Pin(칵테일 핀)**

체리나 올리브 등 칵테일 가니시를 장식할 때 꽂아 쓰는 이쑤시개 같이 생긴 핀을 말한다.

- **Corkscrew(콜크 스크류)**

와인의 코르크 마개를 따는 와인용 오프너로 나선형, 바 나이프, 웨이터스 나이프 등 다양한 종류가 있다.

- **Cutting Board(커팅 보오드)**

바(Bar)에서 쓰는 조그마한 도마를 말한다.

- **Decanter(디캔터)**

오래 숙성된 와인에서 나오는 찌꺼기를 제거하여 맛과 향을 좋게 하기 위한 병으로 유리나 크리스털(Crystal)로 만들어진 것을 많이 사용한다.

- **Ice Crusher(아이스 크러셔)**

얼음을 작게 만드는 얼음 분쇄기를 말한다.

- **Ice Pail(아이스 페일)**

얼음을 넣어 두는 통을 말하며, 바닥에 스테인리스 망이 붙어 있어서 녹은 얼음물을 걸러주는 제품이 좋다. 재질로는 유리, 도기류, 금속, 플라스틱 등 다양하며 Ice Bucket(아이스 버킷)이라고도 한다.

- **Ice Pick(아이스 픽)**

큰 덩어리 얼음을 쪼개기 위해 사용되는 얼음송곳을 말한다.

- **Ice Scoop(아이스 스쿱)**

얼음을 풀 때 쓰는 얼음삽을 말한다.

- **Ice Tong(아이스 통)**

얼음을 집을 때 사용하는 얼음 집게를 말한다.

### ■ Measure Cup(메저 컵)

계량컵. 지거(Jigger)라고도 부르며, 칵테일에 쓰이는 재료를 잴 때 사용한다. 계량컵은 종류가 다양하지만 많이 사용하는 표준형은 위아래가 각각 30㎖, 45㎖로 되어 있다.

### ■ Mixing Glass(믹싱 글라스)

일명 Bar Glass라고도 하며, 비교적 혼합하기 쉬운 재료를 저어서 혼합하거나 차게 할 때 사용하는 글라스를 말한다.

### ■ Muddler(머들러)

칵테일을 휘저어 혼합시키거나 글라스 안에 있는 설탕이나 과일 등을 찧는데 쓰이는 막대기 모양의 도구를 말한다. 재질로는 유리, 스테인리스 등으로 만든 것을 많이 사용하고 있다.

### ■ Petit Knife(페티 나이프)

과일을 깎거나 자를 때 사용하는 작고 가벼운 식칼을 말한다.

### ■ Pourer(포어러)

따르개. 병입구에 부착시켜 자주 쓰이는 주류를 따를 때 편하게 사용한다.

### ■ Shaker(쉐이커)

혼합하기 힘든 크림, 계란, 리큐르 등의 재료를 잘 흔들어서 혼합하고,

내용물을 차갑게 하기 위해서 사용하는 기구를 말한다. 쉐이커는 캡(Cap), 스트레이너(Strainer), 바디(Body)로 구성되어 있고, 재질은 스테인리스 (Stainless)로 된 것을 많이 사용하고 있다.

■ Squeezer(스퀴저)

레몬, 오렌지, 라임 등 감귤류의 즙을 짜기 위한 도구로 반으로 자른 과일을 누르면서 돌리면 과즙이 나온다. 재질은 유리, 스테인리스, 도기류 등이 있고 흔히 유리제품을 많이 사용하고 있다.

■ Stopper(스토퍼)

임시로 쓰는 병마개를 말한다.

■ Strainer(스트레이너)

거르개. 믹싱 글라스에 스터링(Stiring)한 혼합물을 글라스에 옮길 때 믹싱 글라스 위에 뚜껑처럼 끼워서 안에 있는 얼음과 내용물을 분리시키는 데 사용하는 기구를 말한다.

■ Straw(스트로)

빨대. 롱 드링크(Long Drink)나 프라페 스타일의 칵테일을 제공할 때 쓰인다.

# 제 5 절  계량단위

- 1 Dash (대쉬) = 5~6 drops, 1㎖
- 1 tsp (티스푼) = 1/6 oz, 5㎖
- 1 oz (Ounce, 온스) = 30㎖, 1 Pony, 1 Finger, 1 Shot
- 1 Jigger (지거) = 45㎖
- 1 Split (스프릿) = 6 oz, 180㎖
- 1 Cup (컵) = 8 oz, 240㎖
- 1 Pint (파인트) = 16 oz, 480㎖, 1/2 Quart
- 1 Tenth (텐스) = 1/10 gallon, 12.8 oz
- 1 Fifth (휘프스) = 1 bottle(750㎖), 25.5 oz
- 1 Quart (쿼트) = 1/4 gallon(960㎖), 32 oz
- 1 Half Gallon (하프 갤런) = 1/2 gallon(1920㎖), 64 oz
- 1 Gallon (갤런) = 128 oz , 3840㎖

계량단위를 무조건 외우기보다는 오래도록 편하게 기억하는 방법으로 1 갤런이 128온스라는 것과 1온스가 30㎖라는 두 개만 외우면 하프 갤런 (128 oz)의 절반이고, 쿼트는 4분의 1, 텐스는 10분의 1이라는 값이 자연스레 나오게 된다. 거기에 1 Bottle 단위인 1 Fifth와 Quart의 1/2인 Pint 등을 외우면 된다. 특히 조주사 시험에 자주 나오는 단위 문제는 쿼트(Quart), 텐스(Tenth), 파인트(Pint), 지거(Jigger) 등이니 알아두자.

# 제6절   부재료

## 1. 시럽류

### 1) Plain Syrup(플레인 시럽)

백설탕을 물에 끓인 것으로 Simple Syrup 또는 Sugar Syrup이라고도 말한다.

### 2) Gum Syrup(검 시럽)

장기보관시 밑으로 뭉치는 것을 막기 위해 플레인 시럽에 아라비아 검 분말을 혼합한 시럽으로 Gomme Syrup(고메 시럽)이라고도 말한다.

### 3) Grenadine Syrup(그레나딘 시럽)

그레나딘 시럽은 당밀에 자쿠로(석류나무) 열매의 색과 향을 추출한 붉은 색 시럽을 말한다. 카리브해에 있는 그레나다의 특산품으로 칵테일의 맛과 색을 내는데 많이 쓰인다.

Grenadine Syrup

## 4) Raspberry Syrup(라즈베리 시럽)

나무딸기를 혼합한 시럽이다.

## 5) Maple Syrup(메이플 시럽)

사탕 단풍나무의 수액을 원료로 하여 만든 것으로 칵테일엔 쓰이지 않고 조식(朝食) 핫케이크 위에 뿌려먹거나 요리에 사용되는 시럽이다. 칵테일에 사용되지 않는 시럽의 보기로 자주 출제된다.

# 2. 크 림

## 1) Light Cream(생크림)

Light Cream

칵테일을 만들 때 많이 사용되며 유지방분이 10~25% 정도 함유되어 있다.

## 2) Whipping Cream(휘핑 크림)

Whipping Cream

유지방분 30~40% 정도 함유하고 있는 크림으로 제과, 제빵, 케이크 등에 사용한다.

 ## 3. 과일 · 야채

### 1) Maraschino Cherry(마라스키노 체리)

Maraschino Cherry

마라스키노 술에 담가서 착색한 씨를 뺀 병조림의 체리로 레드와 그린이 있다. 제조회사마다 만드는 것에 차이가 있어 체리, 옥수수시럽, 설탕, 구연산, 합성 착색료 등을 원료로 만드는 곳도 있다.

### 2) Pearl Onion(펄 어니언)

Pearl Onion

펄 어니언은 작은 양파의 초절임으로 진주처럼 생겼다고 해서 붙여진 이름이다. 칵테일 어니언(Cocktail Onion)이라고도 한다.

### 3) Stuffed Olive(스태프드 올리브)

Stuffed Olive

올리브의 씨를 빼서 레드 피망을 채운 다음 식초와 식염에 절인 것을 말한다.

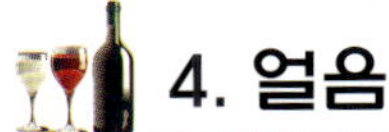 **4. 얼음**

### 1) Block Ice(블록 아이스)

Block Ice(블록 아이스) 또는 블록 오브 아이스(Block of Ice)라는 이 얼음은 1kg 이상 되는 덩어리 얼음으로 Punch나 Cup 등을 만들 때 큰 Bowl 안에 넣어서 사용하는 큰 얼음을 말한다.

### 2) Lump of Ice(럼프 오브 아이스)

보통 크기의 덩어리 얼음으로 블록 아이스를 작은 주먹만한 크기로 쪼갠 얼음을 말한다. 주로 온 더 락스를 만들 때 사용한다.

### 3) Cracked Ice(크랙크드 아이스)

발음하기 편하게 '크랙 아이스'라고 하는 이 얼음은 덩어리 얼음을 아이스 픽으로 직경 3~4cm 정도 잘게 깬 얼음을 말하며, 잘 녹지 않아서 쉐이킹(Shaking)이나 스터킹(Stirring)할 때 사용한다.

### 4) Cube Ice(큐브 아이스)

Cubed Ice(큐브드 아이스) 또는 Cocktail Ice(칵테일 아이스)라고도 하는 이 얼음은 제빙기로 만들어지는 정육면체 사각 얼음으로 보통 바에서 많이 사용하고 있다.

### 5) Crushed Ice(크러쉬드 아이스)

Cube Ice를 얼음 분쇄기(Ice Crusher)로 잘게 간 낟알 정도 크기의 얼음을 말하며, 트로피칼이나 미스트 스타일의 칵테일을 만들 때 사용한다.

## 6) Shaved Ice(쉐이브드 아이스)

크러쉬드 아이스보다 더 곱게 간 얼음으로 크러쉬드 아이스를 깨끗한 천으로 싼 다음 작은 망치나 아이스 픽의 손잡이 부분을 사용해서 잘게 부수어서 만든다. 이 얼음은 Frappe 스타일 등을 만들 때 사용한다.

 ## 5. 향신료

### 1) Nutmeg(넛 멕)

　인도네시아가 원산지로 넛멕 나무의 열매 안에 있는 씨앗을 사용한다. 사용하기 전에 강판에 갈아서 사용하는 홀드 타입과 미리 갈아서 사용하는 그라운드 타입이 있다. 넛멕은 동물성 지방분의 냄새를 제거해 주고 요리나 소스를 만들 때도 사용한다. 칵테일을 만들 때에는 주로 계란이나 크림이 들어가는 재료와 함께 넣어 칵테일의 비린내를 제거시켜 주는 역할을 한다.

### 2) Clove(클로브)

　정향(丁香). 인도네시아가 원산지이며 향이 백리까지 난다하여 백리향이라고도 한다. 정향나무에서 열린 꽃을 따서 건조시켜서 만든다. 온도가 높아지면 향기가 나므로 뜨거운 칵테일에 넣어서 향을 더해주는데 사용되는 향신료이다.

### 3) Cinnamon(시나몬)

　육계피(肉桂皮). 갈포과의 식물로서 나무의 안껍질을 말려서 만든 황갈색 향신료이다. 흔히 계피라고 부르며 스틱 상태인 것, 부순 것, 분말 상태 등 여러 가지 타입이 있고 칵테일에서는 뜨거운 칵테일의 향을 더해주는 역할을 한다.

## 제 7 절   글라스

 **1. Stemmed Glass(스템드 글라스)**

### 1) Shot Glass(샷 글라스)

1~2 oz 정도 용량의 글라스로 위스키 등의 스피리츠를 스트레이트로 마실 때 사용한다. 스트레이트 글라스, 위스키 글라스라고도 한다.

### 2) Old Fashioned Glass(올드 패션드 글라스)

텀블러의 원형이라고 할 수 있는 고전적인 스타일의 글라스를 말하며, 위스키나 칵테일을 온 더 락스 스타일로 마실 때 사용한다. 그래서 On The Rocks Glass(온 더 락스 글라스)라고도 한다. 용량은 6~8 oz 정도이다.

### 3) Highball Glass(하이볼 글라스)

하이볼 종류의 칵테일이나 소프트 드링크를 제공할 때 사용되는 글라스로 Tumbler Glass(텀블러 글라스)라고도 한다. 용량은 6~10 oz 정도이다.

## 4) Collins Glass(칼린스 글라스)

하이볼 글라스보다 지름이 좁고 길이가 긴 글라스를 말하며 Tall Glass(톨 글라스)라고도 한다. 칼린스 스타일의 칵테일을 제공할 때 사용되며 용량은 10~12 oz 정도이다.

##  2. Wine Glass(와인 글라스)

### 1) White Wine Glass(화이트 와인 글라스)

### 2) Red Wine Glass(레드 와인 글라스)

### 3) Champagne Glass(샴페인 글라스)

입구가 넓은 Saucer Champagne Glass와 가늘고 키가 큰 Flute Champagne Glass로 나눌 수 있다. 소서 샴페인 글라스는 건배용이나 프라페, 프로즌 스타일이나 계란을 이용한 칵테일을 만들 때 쓰이고, 플루트 샴페인 글라스는 샴페인이나 스파클링 와인을 제대로 즐길 수 있도록 키가 크고 입구가 좁은 글라스이다.

### 4) Sherry Wine Glass(셰리 와인 글라스)

셰리 와인을 마실 때 사용하는 글라스로 셰리 와인 이외에도 맛과 향을 음미하기에 적당한 글라스이기에 위스키나 각종 스피리츠를 스트레이트로 마실 때도 사용한다. 용량은 와인글라스 보다 작은 2~3 oz 정도이다.

### 5) Cocktail Glass(칵테일 글라스)

숏 드링크 칵테일(Short Drink Cocktail)을 마실 때 사용하는 글라스로 볼(Bowl) 부분이 역삼각형인 것으로 3 oz가 표준이지만 종류도 다양하여 2~5 oz 정도가 있다.

### 6) Sour Glass(사워 글라스)

사워 스타일의 칵테일을 마실 때 사용하는 글라스로 용량은 4~5 oz 정도이다.

## 7) Liqueur Glass(리큐르 글라스)

리큐르를 스트레이트로 마실 때 사용하는 글라스로 용량은 1~2 oz 정도이다.

## 8) Snifter Glass(스니프터 글라스)

고급 브랜디를 마실 때 향을 충분히 즐기면서 마실 수 있는 글라스로 용량은 8~10 oz 정도이다.

## 9) Irish Coffee Glass(아이리시 커피 글라스)

아리리시 커피를 마실때 쓰는 글라스이다.

## 10) Pilsner Glass(필스너 글라스)

트로피칼 칵테일이나 맥주를 마실 때 사용한다.

## 11) Goblet Glass(고블릿 글라스)

물, 소프트 드링크 등을 마실 때 사용하며 용량은 8~10 oz 정도이다.

# 제8절   기 타

## 1. 칵테일의 장식

칵테일의 장식에 사용되는 재료는 레시피화 되어 있지만, 바텐더의 개성과 센스에 따라서 어느 정도 창작, 개성 등을 살릴 수 있는 부분이다.

## 2. 칵테일과 파티

칵테일 파티 등에 같이 나오는 간단한 술안주용 오드블(hors d'oeurve; Canape)은 한 입에 먹을 수 있게 20~40㎎ 정도로 준비한다.

**왜 술에 따라 술잔이 다른가?**

간단하게 말하면 그 술의 맛과 용도에 따라 틀리기 때문이다. 즉 향이 깊거나 음미해야 하는 술은 주둥이가 오므라져 있고 강한 술은 잔의 양이 작으며 도수가 낮은 술은 잔의 양이 크다. 차게 마시는 술은 손이 닿지 않게 스템(stem)이 있고 뜨거운 음료에는 손잡이가 있는 등 그 이유를 찾을 수 있다.

# 2장  예 상 문 제

## 칵테일의 정의와 용어

**1.** 양주의 Hard Drink란?
① 양(量)이 많은 음료　　② 청량음료
③ 비중이 큰 음료　　④ 알코올성 음료

**2.** Mixed Drink란 무엇인가?
① 두 가지 이상의 음료를 섞은 칵테일이다.
② 알코올 음료끼리 섞은 칵테일이다.
③ 무알코올음료끼리 섞은 칵테일이다.
④ 얼음을 넣은 칵테일이다.

**3.** 중 칵테일의 목적이라고 보기 힘든 것은?
① 보는 즐거움을 준다.　② 맛과 향을 높인다.
③ 알코올 도수를 높인다.　④ 칼로리를 높인다.

○ 칵테일은 대개가 알코올성 음료에 비알코올성 음료가 혼합되기 때문에 알코올 도수는 내려간다.

## 칵테일의 분류

**4.** 설탕을 넣지 않은 Mixed Drink?
① Collins　　② Rickey
③ Sour　　④ Punch

**5.** 비중을 이용해서 만든 칵테일은?
① Frappe　　② Eggnog
③ Pousse Cafe　　④ Toddy

**정 답**　1. ④　2. ①　3. ③　4. ②　5. ③

**6.** 물을 넣는 칵테일은?

① Toddy  ② Mist

③ Rickey  ④ Flip

**7.** 크리스마스 때 마시는 영양식 음료는?

① Toddy  ② Sour

③ Collins  ④ Eggnog

**8.** 프라페처럼 부순 얼음을 사용하는 칵테일은?

① Cooler  ② Half & Half

③ Mist  ④ Flip

## 칵테일 만드는 방법

**9.** 다음 중 잔 테두리에 설탕이나 소금을 묻히는 방법을 무엇이라 하는가?

① Build  ② Float

③ Frost  ④ Blend

Margarita(소금), Kiss of Fire(설탕), Irish Coffee(설탕) 등이 그것이다.

**10.** 다음 중 비중의 차이로 재료를 쌓는 방법을 무엇이라 하는가?

① Build  ② Float

③ Frost  ④ Blend

Angel' s Kiss, Pousse Cafe 등이 그것이다.

**11.** 다음 중 Frost를 하지 않는 칵테일은?

① Margarita

② Kiss of fire

③ Daiquiri

④ Irish Coffee

정 답   6. ①   7. ④   8. ③   9. ③   10. ②   11. ③

## 칵테일 기구 및 도구

**12.** Shaker의 3부분이 아닌 것은?

① Body　　　　　② Strainer

③ Neck　　　　　④ Cap

○ Shaker는 Cap, Strainer, Body로 구성되어 있다.

**13.** 과즙을 짤 때 사용되는 기구는?

① Blender　　　　② Strainer

③ Squeezer　　　④ Decanter

**14.** 술의 양을 조절하기 위해 병입구에 부착시켜 놓는 기구는?

① Stopper　　　　② Pouror

③ Opener　　　　④ Strainer

**15.** 다음 중 얼음집게는?

① Ice Pick　　　　② Ice Tong

③ Ice Pail　　　　④ Ice Scoop

○ 얼음통(Ice Pail)과 얼음집게(Ice Tong)

**16.** Shaker를 사용하는 목적이 아닌 것은?

① Solution (용해)

② Cooling (냉각)

③ Showing

④ 도수를 낮춘다.

**17.** coaster의 용도는?

① 술을 컷팅할 때

② 얼음을 집을 때

③ 글라스 받침대

④ 얼음을 거를 때

○ 술을 커팅할 때는 pourer(포어러), 얼음을 집을 때는 ice-tong(아이스 통), 얼음을 거글 때는 strainer(스트레이너)를 쓴다.

**정 답**　　12. ③　13. ③　14. ②　15. ②　16. ③　17. ③

**18.** 1 pony는 몇 oz(온스)인가?

① 1 oz  ② 1½ oz

③ 2 oz  ④ 3 oz

1pony = 1shot = 1oz = 1finger = 30㎖

**19.** 1 Jigger는 몇 ㎖인가?

① 15 ㎖  ② 30 ㎖

③ 45 ㎖  ④ 60 ㎖

**20.** 1 Quart는 몇 ㎖인가?

① 120 ㎖  ② 240 ㎖

③ 480 ㎖  ④ 960 ㎖

1Gallon = 128oz, 1Quart = ¼ Gallon = 32oz = 960㎖

**21.** 1 Dash는 몇 drop인가?

① 1~2 drop

② 2~3 drop

③ 3~5 drop

④ 5~6 drop

**22.** 1 Fifth는 몇 oz 인가?

① 25 oz  ② 25.5 oz

③ 26 oz  ④ 26.5 oz

1Fifth = 1bottle(750㎖) = 25 oz

**23.** 다음 중 관계가 옳지 못한 것은?

① 1 pony = 1 shot

② 1 cup = 6 oz

③ 1 pint = 16 oz

④ 1 Quart = 32 oz

1 cup = 8 oz

정 답　18. ①　19. ③　20. ④　21. ④　22. ①　23. ②

**24.** 다음 중 용량이 틀린 것은?

① 1 Jigger - 1 oz  ② 1 Fifth - 760 ㎖

③ 1 Cup - 8 oz  ④ 1 Quart- 24 oz

> ● 1 Quart는 32 oz이며, 1 Jigger를 1 oz와 1.5 oz 두 가지로 보는 견해가 있으므로 주의해서 문제를 푼다.

## 부재료

**25.** 다음 중 칵테일에 사용되지 않는 syrup은?

① Simple syrup  ② Grenadine syrup

③ Raspberry syrup  ④ Maple syrup

> ● Maple syrup(메이플 시럽)은 식사용 조식(朝食)에 사용되는 시럽이다.

**26.** 뜨거운 음료에 넣는 Spice는?

① Nutmeg  ② Cinnamon

③ Lemon  ④ Milk

**27.** 다음 중 종류가 다른 하나는?

① Simple syrup  ② Plain syrup

③ Sugar syrup  ④ Gum syrup

> ● simple/s, plain/s, sugar/s 모두 같은 말이다.

**28.** Frappe에는 어떤 얼음을 사용하는가?

① Cubed Ice

② Shaved Ice

③ Cracked Ice

④ Crushed Ice

> ● Cube Ice(각얼음), Cracked Ice(큰 얼음을 Ice pick을 이용해서 Cube Ice 정도로 깬 얼음), Crushed Ice(콩알 같이 잘게 갈아낸 얼음)

정 답  24. ④  25. ④  26. ②  27. ④  28. ④

**29.** 칵테일 글라스의 표준 용량은?

① 30㎖  ② 90㎖

③ 120㎖  ④ 240㎖

○ 샷 글라스(30mL), 와인글라스 (120mL), 하이볼 글라스 · 텀블러 (240mL)

**30.** 튜립형 브랜디 글라스를 무엇이라고 부르는가?

① Old-fashioned glass  ② Snifter

③ Pilsner  ④ Coupette

**31.** 주정도가 강한 술을 마실 때 같이 마시는 음료를 무엇이라 하는가?

① soft drink  ② mixer

③ chaser  ④ garnish

○ Chaser(체이써) : 주정도가 강한 술을 스트레이트로 마실 때 함께 마시는 음료를 말함.

**32.** 다음 중 Stemmed glass인 것은?

① Shot glass  ② Tumbler

③ Pilsner glass  ④ Goblet glass

**33.** 다음 중 Stemless glass인 것은?

① Tumbler  ② Wine glass

③ Goblet  ④ Liqueur glass

**34.** 포세카페(Possee Caffee), 엔젤스 키스(Angel's Kiss)에 쓰이는 글라스는 무엇인가?

① Shot glass

② Liqueur glass

③ Cocktail glass

④ Goblet glass

**35.** 얼음물을 담아서 제공하려면 어느 잔이 가장 적절한가?

① Goblet  ② Pilsner

③ Tumbler  ④ Liqueur Glass

○ 리큐르 글라스를 코디얼 글라스 (Cordial glass)라고 부르기도 한다.

**정 답**  29. ②  30. ②  31. ③  32. ④  33. ①  34. ②  35. ①

## 기 타

**36.** 칵테일 서비스에서 바텐더의 창의성이 가장 발휘되는 부분은?

① Color　　　　　② Garnish

③ Glass　　　　　④ Material

**37.** Martini에 사용되는 garnish는?

① orange　　　　② cherry

③ lemon　　　　　④ olive

**38.** 칵테일 파티에 쓰이는 1인분 오드블의 양으로 적당한 것은?

① 15 ㎎

② 20~40 ㎎

③ 50 ㎎

④ 75~100 ㎎

## 칵테일 종합문제

**39.** Bloody Mary에 사용되는 Juice는?

① Orange Juice

② Lemon Juice

③ Tomato Juice

④ Lime Juice

**40.** Pink Lady의 재료가 아닌 것은?

① Egg White　　　② Gin

③ Rum　　　　　　④ Grenadine syrup

정 답　　36. ②　37. ④　38. ②　39. ③　40. ③

**41.** Sidecar에 첨가되는 재료가 아닌 것은?

① Brandy　　　　② Triple Sec（W）

③ Orange Juice　　④ Lemon Juice

**42.** Orange Blossom에 사용되는 기주는?

① Whisky　　　　② Gin

③ Vodka　　　　④ Rum

**43.** Screwdriver의 Base Drink는?

① Gin　　　　　② Rum

③ Vodka　　　　④ Whisky

**44.** Manhattan Cocktail과 관계가 없는 것은?

① 진　　　　　　② 위스키

③ 버무스(베르뭇)　④ 앙고스트라 비터즈

**45.** Alexander Cocktail과 관계가 없는 것은?

① 브랜디　　　　② 진

③ 크림　　　　　④ 카카오

**46.** Cherry를 부재료로 사용하지 않는 칵테일은?

① Manhattan　　　② Gibson

③ Rob Roy　　　　④ Old Fashioned

○ Gibson의 부재료는 onion이다.

**47.** Bloody Mary에 들어가지 않는 것은?

① worcester sauce

② tabasco sauce

③ salt

④ Rum

○ Bloody Mary는 Vodka Base Cocktail이다.

**48.** 다음 중 Gin Base Cocktail인 것은?
① Olympic　　② Gimlet
③ Sidecar　　④ Zoom

**49.** 다음 중 Vodka Base Cocktail인 것은?
① Daiquiri　　② Mai Tai
③ Bloody Mary　　④ Bacadi

**50.** 다음 중 Rum Base Cocktail인 것은?
① Cuba Libre　　② Martini
③ Gimlet　　④ Pink Lady

**51.** 칵테일 방법 중 Float을 이용한 Cocktail은?
① Angel's Kiss　　② Frappe
③ Daiquiri　　④ Grasshopper

**52.** Gimlet을 만들 때 사용되는 주스는?
① Lime Juice　　② Orange Juice
③ Lemon Juice　　④ Tomato Juice

**53.** Crashed Ice를 사용한 셔벗(Sherbet) 형태의 칵테일은 무엇인가?
① Float　　② Frappe
③ Punch　　④ Flip

**54.** 여러 가지 색깔을 감상할 수 있는 칵테일은?
① Pousse Cafe
② Frappe
③ Grasshopper
④ Screwdriver

○ 나 머 진 Brandy Base Cocktail이다.

○ 나머진 Rum Base Cocktail이다.

○ 나머진 Gin Base Cocktail이다.

**55.** Pink Lady에 들어가지 않는 재료는?

① Cream

② Grenadine syrup

③ Gin

④ Rum

**56.** Irish Coffee의 재료가 아닌 것은?

① hot coffee

② sugar

③ milk

④ Irish Whiskey

**57.** Grasshopper에 쓰이는 재료와 관계가 없는 것은?

① Cream De Menth (G)

② Cream De Cacao (W)

③ Cream

④ Gin

**58.** Black Russian의 재료가 맞는 것은?

① Vodka + Cacao

② Vodka + Kahlua

③ Vodka + Angostura Bitter

④ Vodka + Campari Bitter

**59.** Rob Roy에 들어가는 기주(基酒)는?

① Scotch whisky

② Bourbon whiskey

③ Canadian whisky

④ Irish whiskey



**정 답**   55. ④   56. ③   57. ④   58. ②   59. ①

**60.** Angostura Bitters(앙고스투라 비터즈)가 첨가되지 않는 칵
테일은?

① Old  fashioned

② Manhattan

③ Alexander

④ Rob  Roy

**61.** 그레나딘 시럽이 첨가되는 않는 칵테일은?

① Pink  Lady

② New  York

③ Bacardi

④ Sidecar

# 3장

## 주장관리

## 제 1 절  저장관리

- 선입(先入) 선출(先出)의 원칙(First-in, First-out)을 지킨다.
- 재고카드(bin card)의 기입과 정기적인 재고조사(book inventory) 실시
- Happy Hour의 활용(가격절하 시간, 회전율이 낮은 품목을 효과적으로 소모시키는 방법)

## 제 2 절  설비관리

- 바의 수도시설은 Mixing Station 바로 후면에 설치한다.
- 바텐더가 필요시 올라설 수 있는 받1침대를 설치한다.
- Cherry, Olive, Onion 보관통은 Mixing Station 밑에 냉장, 보관한다.
- 배수구는 바텐더 바로 앞에, 바의 높이는 고객이 작업을 볼 수 있게 설치한다.
- Soft Drink 정도는 웨이터나 웨이트리스도 다룰 수 있게 설치한다.
- 카운터 테이블은 일반적으로 폭은 40㎝, 높이는 120㎝가 이상적이다.

## 제 3 절  집기관리

- 이가 빠지거나 금이 간 글라스는 사용하지 않는다.
- 세척 시 뜨거운 물은 사용하지 않는다.

## 제 4 절    주류선정

- 판매할 주류상품을 바텐더나 주장지배인이 추천한다.
- 주류의 선정은 고객에게 인기 있는 상품으로 고려한다.
- 고객이 특정 상표의 위스키를 주문시, 다른 위스키의 제공은 금한다.

## 제 5 절    Bar의 인원구성

- Catering Manager : 식음료부서 직원들을 통제, 관리하는 사람을 말한다.
- Bartender : 바에서 음료를 만드는 사람을 말한다.
- Cellar Man : 술을 관리하는 창고관리자를 말한다.
- Bar Boy : 술 주문과 서브를 담당하는 사람을 말한다.
- Bar Helper : 바텐더를 보조하는 사람을 말한다.

## 제 6 절  Bar에서 저지르기 쉬운 실수

- 글라스에 묻은 립스틱 자국을 제거하지 않은 실수
- 얼음을 너무 미리 넣어 혼합물을 묽게 만드는 실수
- 계량컵(Jigger cup)을 사용하지 않은 실수
- 근무교대시 재고 조사와 일일 판매실적 상황표를 작성하지 않는 실수
- 글라스에 얼음을 넣을 때 Ice scoop이나 Ice tong을 사용하지 않는 실수

- 레시피대로 사용하지 않는 실수
- 개점 시 모든 재료 및 얼음을 준비하지 않은 실수
- 각각 음료에 맞는 글라스를 사용하지 않는 실수

## 제7절  Bar에서의 부정행위

- 개인용으로 음료를 들여와서 판매한다.
- 칵테일 표준량을 속인다.
- 무료 서브의 남용한다.
- 잔돈을 거슬러 주지 않는다.
- 과당 지불을 받는다.
- 종사원 자신이 몰래 마신다.
- 직원끼리 공모(共謀)를 한다.

# 3<sub>장</sub> 예상문제

1. 주장원가의 3요소는 무엇인가?
① 인건비, 세금, 운영비
② 주세, 부과세, 소득세
③ 봉사료, 부과세, 주세
④ 인건비, 재료비, 주장경비

2. 호텔서비스의 3요소는?
① 신속, 정확, 청결
② 신속, 청결, 친절
③ 청결, 정확, 친절
④ 신속, 정확, 친절

3. Bar Helper란 무엇인가?
① 술을 관리하는 사람
② 술주문과 서브를 담당하는 사람
③ 바텐더를 보조하는 사람
④ 직원들을 통제, 관리하는 사람

4. 글라스 세척에 대한 설명 중 틀린 것은?
① 세척 후 뜨거운 물로 헹군다.
② 두 번 이상 헹군다.
③ 세척 후 운반시 잔 테두리를 잡고 운반하지 않는다.
④ 세척액은 글라스 세척용 중성세제를 사용한다.

○ 주장원가의 3요소 : 인건비, 재료비, 주장경비

○ 호텔서비스의 3요소 : 신속, 정확, 친절

**정 답**　　1. ④　　2. ④　　3. ③　　4. ①

5. Par Stock이란 무엇인가?
① 적정재고량　　　　　② 총판매량
③ 매출원가　　　　　　④ 재고정리


6. 바텐더가 지켜야 할 수칙이 아닌 것은?
① 손님이 주문할 때까지 기다린다
② 근무중 BAR 안에서 흡연을 금한다
③ 단골손님의 즐겨 마시는 음료를 기억한다
④ 남녀일행은 지나친 주의를 기울이지 않는다


7. 표준처방을 준수하는 이유가 아닌 것은?
① 원가절감
② 재고조사 용이
③ 인건비 절감
④ 제품관리


8. Beverage란 무엇인가?
① 비알코올성 음료를 말한다.
② 알코올성 음료를 말한다.
③ 음료, 음료수를 통칭해서 말한다.
④ 탄산음료를 말한다.


9. 바텐더가 해야 할 행동으로 틀린 것은?
① 숙달된 바텐더는 신속한 서비스를 위하여 Jigger를 사용
할 필요가 없다
② 바는 항상 깨끗하게 정돈해 놓는다.
③ 재고조사(Inventory)는 철저히 해야 한다
④ 바에는 늘 적정 재고량을 준비해 놓는다

# 4장

## 기초영어

※ 다음 예문 중 빈칸에 알맞은 것을 보기에서 고르시오.

**1.** You had better ___________ as soon as you can

① go          ② going

③ to go          ④ gone

had better + 동사원형 : ∼하는 것이 좋다, ∼하는 편이 낫겠다.

**2.** Sherry is a Spanish ________

① Red Wine          ② White Wine

③ Rose Wine          ④ 답이 없다

셰리와인은 스페인산_____와인이다.

**3.** Black Russian is prepared with ______.

① Rum          ② Gin

③ Vodka          ④ Whisky

블랙 러시안은 _______으로 만든다.

**4.** 그 바(Bar)는 6시에서 8시까지 할인시간이다.

The bar has a _______________ from 6 to 8.

① selling hour          ② business hour

③ happy hour          ④ running hour

**5.** I'd like to drink a _______________ of draft beer.

① glass          ② mug

③ cup          ④ collins

**6.** I'm sorry. 에 대한 답으로 가장 알맞은 것은?

① Yes, certainly.          ② No, thank you.

③ That's all right.          ④ You're welcome.

정 답   1. ①   2. ②   3. ③   4. ③   5. ②   6. ③

**7.** A : ____________________________.

    B : It's my pleasure.

① Thank you for your help.

② What are you talking about?

③ I beg your Pardon.

④ What is this?

**8.** The bar _________at 3 o'clock.

① opens             ② opened

③ is opening      ④ has open

**9.** Red wine is served with ______

① Meat           ② Fish

③ Soup          ④ Dessert

**10.** I'd suggest _______to go with your salmon.

① Red Wine

② White Wine

③ Beer

④ Brandy

저는 ___과(와) 당신이 주문한 연어요리가 어울린다고 생각합니다.

**11.** [Any Liquor + Lime Juice + Soda Water + Ice]

① Collins        ② Flip

③ Sour          ④ Rickey

리키는 설탕이 안 들어가고, 라임주스를 쓰는 시큼한 음료다.

**12.** It _________an hour from my house to my office.

① takes          ② makes

③ goes           ④ keeps

집에서 사무실까지 한 시간 걸린다.

**정 답**    7. ①   8. ①   9. ①   10. ②   11. ④   12. ①

**13.** Which drink is prepared with Vodka?

① Perfect Martini ② Pink Lady

③ Bloody Mary ④ Singapore Sling



**14.** May I have ______ coffee, please?

① a glass of ② milk

③ some more ④ any more



**15.** ______ to have some more coffee?

① Do you like ② Don't you like

③ Could you like ④ Would you like

**16.** Where can bourbon whiskey be manufactured?

① Only in Bourbon

② Only in Tennessee

③ It is in any state of America.

④ It is in Scotland



**17.** Which is not scotch whisky in the following example?

① VAT 69 ② Johnnie Walker

③ Old Crow ④ Cutty Sark



**18.** Which wine is served with meat?

① White wine ② Red wine

③ Rose wine ④ Dry sherry

**19.** Which wines are served______ room temperature?

① take ② at

③ on ④ in



정 답   13. ③   14. ③   15. ④   16. ③   17. ③   18. ②   19. ②

# 5장

조주기능사 실기시험
공개예상문제

## 칵테일 50가지

| | |
|---|---|
| 1. Angel's Kiss | 26. Mai Tai |
| 2. Manhattan | 27. Bacardi |
| 3. Dry Martini | 28. Screwdriver |
| 4. Gimlet | 29. Gibson |
| 5. Stinger | 30. SloeGin Fizz |
| 6. Wine Cooler | 31. Cuba Libre |
| 7. Old Fashioned | 32. Grasshopper |
| 8. Brandy Alexander | 33. Gin Tonic |
| 9. Pink Lady | 34. Rob Roy |
| 10. Bloody Mary | 35. Zoom |
| 11. Brandy Eggnog | 36. Negroni |
| 12. Singapore Sling | 37. Gin Rickey |
| 13. Tom Collins | 38. Sidecar |
| 14. Black Russian | 39. Gin Fizz |
| 15. Margarita | 40. Chi-Chi |
| 16. Irish Coffee | 41. Between The Sheets |
| 17. Rusty Nail | 42. Moscow Mule |
| 18. Brandy Sour | 43. Apricot Brandy |
| 19. Golden Cadillac | 44. Olympic |
| 20. Harvey Wallbanger | 45. Honeymoon |
| 21. Daiquiri | 46. Hawaiian Cocktail |
| 22. Kiss Of Fire | 47. Paradise |
| 23. B & B | 48 Million Dollar |
| 24. Orange Blossom | 49. Spritzer |
| 25. New York | 50. Tequila Sunrise |

## I. Angel's Kiss (엔젤스 키스)

① *2 oz Pousse Cafe Glass*에
② *Grenadine De Cacao(Brown)*        *3/4 oz*
   *Light Cream*                          *1/4 oz*
③ 조심스럽게 플로팅(*Floating*)한다.
④ 사진과 같이 *Cherry*로 *Garnish*(가니시)한다.

  글라스 1로 보았을 때의 용량이다. 그래서 oz 표시를 생략했다.
  당분에 의한 비중 차이로 각 재료는 섞이지 않게 따를 수 있으며, 조심스럽게 플로팅(Floating)해서 칵테일을 만든다. 플로팅을 할 때에는 바 스푼(Bar Spoon)의 볼록한 부분을 위로 해서 잔에 살짝 붙이고 조심스럽게 따른다. 현재 조주기능사 실기시험에 적용되는 칵케일은 위의 레피시가 아닌

  Greme De Cacao(Brown)    1/4 oz
  Sloe Gin                 1/4 oz
  Brandy                   1/4 oz
  Milk(또는 Cream)          1/4 oz
다음과 같이 레시피를 따르고 있으니 주지하기 바란다.

## 2. Manhattan (맨해튼)

① *Mixing Glass*에 얼음을 넣고
② *Bourbon Whiskey*　　1 1/2 oz
　*Sweet Vermouth*　　1/2 oz
　*Angostura Bitters*　　1 dash
③ 스터링(*Stirring*)하고 *Cocktail Glass*에 따른다.
④ *Cherry*로 가니시(*Garnish*)한다.

　　1626년 네덜란드인이 여기에 도착해서 이 곳을 사려고 했을 때 인디언들은 팔지 않기로 했다. 그래서 네덜란드인은 궁리 끝에 어느 날 인디언 추장에게 술을 먹이고 만취상태에서 단돈 24달러에 계약을 했다. 술에서 깬 추장은 "나는 맨해튼(만취)이었기 때문에 이 계약은 무효"라고 주장했지만 네덜란드인은 맨해튼을 그 땅의 이름이라고 생각하고 이 섬을 맨해튼이라고 불렀다는 이야기가 있다. 지금은 뉴욕시의 중심이 된 맨해튼은 섬 이름이며 옛날 그 섬에 살던 인디언말로 '고주망태' 또는 '주정뱅이'란 뜻이다. 맨해튼은 마티니와 더불어 칵테일의 대표적인 것으로 유명하다. 이 칵테일의 유래는 1876년에 전 영국 수상 처칠 경의 어머니 제니 젤롬 여사가 만들었다는 설로 그녀는 미국 태생으로 뉴욕의 사교계에서는 잘 알려진 사람이었다. 그녀는 뉴욕 주지사 선거운동을 할 때 맨해튼이라는 클럽에서 파티를 열어 이 칵테일을 손님들에게 대접했다고 한다. 또 다른 이야기는 맨해튼시가 메트로폴리탄으로 승격한 것을 축하하는 뜻으로 1890년 맨해튼의 한 바에서 만들었다는 설이다.

## 3. Dry Martini (드라이 마티니)

① *Mixing Glass*에 얼음을 넣고
② *Dry Gin*         1 1/2 oz
   *Dry Vermouth* 1/2 oz
③ *Stirring*하고 *Cocktail Glass*에
   따른다.
④ *Olive*로 *Garnish*한다.

마티니(Martini)는 오랜 세월동안 애주가들로부터 사랑 받아 온 유명한 칵테일로 오랜 역사를 가지고 있는 만큼 시대에 따라 그 유행이 조금씩 변해 가지각색의 레시피가 탄생되었다. 'The Perfect Martini Book'(1979년 출판)에 소개된 가짓수만 268종류나 된다고 하니 마티니에 대한 사랑을 미뤄 짐작할 수 있다. 마티니의 시초는 제리 토마스(Jerry Tomas)교수의 저서 'How to mix drink'에서 마티네즈(Martinez)라는 칵테일에서 그 뿌리를 찾을 수 있다. 처음엔 진의 원조인 네덜란드산 Genever Gin에 이탈리아산 Martini Sweet Vermouth를 1:1로 배합하여 만들었으며 1차 세계대전 이후 2:1로 배합하여 많은 인기를 받아오다 1940년대부터 Dry Gin에 Martini Dry Vermouth를 3:1로 만들고 Olive를 곁들어 넣어주게 된 것이 지금의 위에 소개하고 있는 마티니이다.

## 4. Gimlet (김렛)

① *Shaker*에 얼음을 넣고
② *Dry  Gin*　　　　*1 1/2 oz*
　*Lime  Juice*　　　*1/2 oz*
　*Sugar*　　　　　*1 tsp*
③ *Shaking*하고 *Cocktail  Glass*에 따른다.

　김렛(Gimlet)이란 목공도구의 하나로 송곳의 일종이다. 찌르는 듯한 느낌을 준다하여 붙여진 이 칵테일은 대영제국 시대에 열대 식민지에서 영국인이 만들어 낸 것으로 알려져 있으며 Dry Gin과 Lime Juice의 두 가지 맛을 함께 즐길 수 있는 칵테일이다.

## 5. Stinger (스팅어)

① *Shaker*에 얼음을 넣고
② *Brandy*                             *1 1/2 oz*
    *Cr me De Menthe (White)*     *1/2 oz*
③ *Shaking*하고 *Cocktail Glass*에 따른다.

    스팅어(Stinger)란 '침(針), 가시 또는 쏘는 동식물'을 뜻한다. 20세기초 뉴욕의 레스토랑 '코로니'의 바텐더에 의해 만들어졌다. 이 칵테일은 사이드카(Sidecar)와 더불어 브랜디로 만드는 대표적인 클래식 칵테일(Classic Cocktail)로 마시면 페퍼민트의 찌르는 듯한 톡 쏘는 감촉과 화끈한 기분을 느낀다 하여 스팅어(Stinger)라는 이름이 붙여졌다.

## 6. Wine Cooler (와인 쿨러)

① *Highball Glass*에 얼음을 넣고
② *White Wine* (또는 *Red Wine*)　　　*1 1/2 oz*
　 *Grenadine Syrup*　　　　　　　　*1/2 oz*
　 *Ginger Ale*　　　　　　　　　　　*FILL*
③ *Stirring*하고 서브한다.

　알코올 도수는 별로 높지 않고 마실 수 있는 칵테일이라기 보다는 청량음료에 가까운 음료이다. 베이스인 와인은 화이트 와인이나 레드 와인 등 구애받지 않는 편이며 취향에 따라 선택할 수 있다. 실기 시험장에서도 준비된 레드나 화이트 와인 등을 사용해서 만들면 된다.

## 7. Old Fashioned (올드 패션드)

① *Old Fashioned Glass*에
② *Soda Water*      *1/2 oz*
    *Angostura Bitters*    *2 dash*
    *Sugar*       *1 tsp*
③ *Stirring*하고 *Old Fashioned Glass*에 얼음을 넣고
④ *Bourbon Whiskey*    *2 oz*
⑤ 다시 한번 *Stirring*한다.
⑥ *Orange Slice & Cherry*로 *Garnish*한다.

    1889년 미국 켄터키주 루이스 빌(Louisville)에 있는 펜데니스 (Pendennis)라는 바에서 단골 고객이 그 곳의 바텐더 토마스 루이스 위콤에게 고전미가 풍기는 칵테일을 만들어 달라고 부탁하였을 때 바 텐더가 즉석에서 Bourbon과 Angostura Bitters와 Sugar을 넣고 만들 어 주었다는 이야기가 있다.

## 8. Brandy Alexander
### (브랜디 알렉산더)

① *Shaker*에 얼음을 넣고

② *Brandy*                                       *1 oz*

   *Creme De Cacao（Brown）*      *1 oz*

   *Light Cream*                        *1 oz*

③ *Shaking*하고 *Champagne Glass*에 따른다.

④ *Nutmeg* 가루를 위에 뿌려준다.

이 칵테일은 1863년 훗날 영국 국왕이 된 에드워드 7세와 덴마크 왕의 장녀 알렉산드라의 혼례를 기념해서 알렉산드라에게 바쳐진 칵테일이다. 처음엔 알렉산드라라고 불렀는데 지금은 알렉산더라고 부르고 있다.

## 9. Pink Lady (핑크 레이디)

① *Shaker*에 얼음을 넣고

② *Dry Gin*                          *1 1/2 oz*

   *Grenadine Syrup*          *1/2 oz*

   *Egg White*                  *1 ea*

③ *Shaking*하고 *Champagne Glass*에 따른다.

④ *Nutmeg* 가루를 위에 뿌려준다.


   핑크 레이디란 1912년 영국 런던의 한 극장에서 '핑크 레이디 (Pink Lady)'라는 연극이 공연되었는데 대성황을 이루었다고 한다. 연극을 성공리에 마치고 열린 파티에서 여주인공인 헤이즐 돈을 위해 만든 칵테일로 주로 여성들이 즐겨 마신다. 미국식은 여기에 Light Cream을 더 첨가하여 만든다.

## 10. Bloody Mary (블러디 매리)

① *Highball Glass*에 얼음을 넣고
② *Vodka*                    *1 oz*
   *Tomato Juice*            *FILL*
③ *Tomato Juice*를 글라스의 7~8부
   정도를 따른다.
④ *Lemon Juice*              *1/2 oz*
   *Worcestershire Sauce*    *2 dash*
   *Tabasco Sauce*           *2 dash*
   *Salt*                    *1 pinch*
   *Black Pepper*            *1 pinch*
⑤ *Stirring*한다.
⑥ *Celery Stick*으로 *Garnish*한다.

　　블러디 매리에는 미국 금주법이 시행되던 1920년대에 비밀 주점에서 당국의 눈을 피하기 위해 Dry Gin에 Tomato Juice를 섞은 '블러디 샘'이라는 칵테일을 마신 것이 시초이며 이 칵테일은 Tomato Juice를 마시는 것처럼 속여서 마셨으나 Dry Gin에서 나는 술 냄새 때문에 경찰 단속에 자주 적발되었다. 시간이 흘러 보드카가 미국에서 대중화되면서 주재료가 보드카로 바뀌었으며 블러디 매리라는 이름은 스코틀랜드 여왕 Mary Stuart(1542~1587)의 신교도 학살로 얻어진 별칭을 붙여서 만든 칵테일이라는 설이 있다.

## 11. Brandy Eggnog (브랜디 에그녹)

① *Shaker*에 얼음을 넣고
② *Brandy  1 1/2 oz      Sugar  Syrup  1/2 oz      Whole  Egg  1 ea*
③ *Shaking*하고 *Highball Glass*에 따른다.
④ *Cold  Milk   FILL*
⑤ *Stirring*한다.
⑥ *Nutmeg* 가루를 위에 뿌려준다.

　이 칵테일은 1850년 12월 영국 Norfolk 지방에서 생산하는 알코올 도수
가 높은 맥주에다 생계란을 풀어서 마신 것이 시초이며 이때가 계절적으
로 크리스마스 때여서 Christmas Yule Drink(크리스마스 율 드링크)라 했
다. 현재는 만드는 재료와 방법이 바뀌면서 미국 남부에서는 매년 연말연
시나 크리스마스날 마시는 파티 드링크로 애음하고 있다.

## 12. Singapore Sling (싱가폴 슬링)

① *Shaker*에 얼음을 넣고
② *Dry Gin*                1 1/2 oz
   *Cherry  Brandy*        1/2 oz
   *Lemon  Juice*          1/2 oz
③ *Shaking*하고 *Collins Glass*에 따른다.
④ *Soda  Water*            *FILL*
⑤ *Stirring*하고 *Orange  Slice  &  Cherry*로 *Garnish*한다.

　슬링 스타일의 대표적인 이 칵테일은 '삼키다'는 뜻의 독일어 슈링겐(Schlingen)에서 비롯되었다. 1915년 싱가폴에 있는 래플즈(Raffles) 호텔의 바에서 만들어진 칵테일로 시초는 '더 슬링(The Sling)' 또는 '진 슬링(Gin Sling)'이라는 칵테일이었다.

## 13. Tom Collins (탐 칼린스)

① *Shaker*에 얼음을 넣고
② *Dry Gin*          *1 1/2 oz*
   *Lemon Juice*      *1/2 oz*
   *Suger*           *1 tsp*
③ *Shaking*하고 얼음이 담긴 *Collins Glass*에 따른다.
④ *Soda Water*로 잔을 채워주고 가볍게 *Stirring*한다.
⑤ *Lemon Slice & Cherry*로 *Garnish*한다.

   19세기에 영국 런던에서 리마즈 클럽의 존 칼린스가 쥬네바 진으로 만든 존 칼린스가 시초인데, 올드 탐 진(Old Tom Gin)으로 베이스를 바꾸면서 이름도 탐 칼린스로 불려졌다. 2차 세계대전이 끝난 후엔 드라이 진(Dry Gin)으로 바뀌어 지금의 탐 칼린스가 되었다. 무더운 여름철에 시원한 음료로 적합하며 술에 약한 사람도 가볍게 마실 수 있는 칵테일이다.

## 14. Black Russian (블랙 러시안)

① *Old Fashioned Glass*에 얼음을 넣고
② *Vodka*       *1 1/2 oz*
   *Kahlua*       *1/2 oz*
③ *Stirring*하고 서브한다.

　'검은 러시아인'이란 뜻의 이 칵테일은 칵테일 색의 블랙과 보드카의 고장인 보드카를 사용했기 때문에 붙여진 이름이기도 하지만 당시 동구권 사회의 간접적인 표현으로 암흑과 장막, 자유의 구속 등을 암시하는 의미로 블랙(Black)이란 말을 사용하기도 했다. 1933년 미국의 금주법 해제 후 보드카가 미국에서 유행할 때 만들어 진 칵테일로 커피 리큐어와 보드카의 조화를 느낄 수 있는 칵테일이다.

## 15. Margarita(마가리타)

① *Cocktail glass*에 소금(*Salt*)으리밍(*Rimming*)한다. *Rimming*은 잔 테두리(*Rim*)에 레몬즙을 바르고 소금을 묻히는 방법을 말한다.

② *Shaker*에 얼음을 넣고

③ *Tequila*     1 oz          *Triple Sec*   1/2 oz    L
emon Juice   1/2 oz            *Sugar*         1 tsp

④ *Shaking*하고 *Cocktail Glass*에 따른다.


    1949년 LA의 한 레스토랑에서 근무하던 바텐더 존 듀렛사가 만들어 그 해 '내셔널 칵테일 콘테스트'에서 우승한 칵테일이다. 마가리타는 당시 죽은 멕시코 태생인 애인의 이름으로 1926년 네바다주로 사냥하러 갔다가 사냥 도중 다른 사람이 쏜 오발탄으로 마가리타가 죽자, 죽은 애인을 잊지 못하던 바텐더가 애인의 이름을 붙여서 만든 칵테일이다.

## 16. Irish Coffee(아이리쉬 커피)

① *Irish Coffee Glass*에 *Brown Sugar*로 *Rimming*한다.
② *Irish Whisky*   *1 oz*
 *Hot Coffee*   *FILL*
 *Sugar*    *1 tsp*
③ *Stirring*하고 글라스 위에 휘핑크림(*Whipping Cream*)을 띄운다.

이 음료는 제2차 세계대전 직후 샌프란시스코의 피셔맨스 워프(Fisherman's Wharf)에 있는 뷰에나 비스타(Buena Vista) 카페에서 처음 만들어졌다는 설과 아일랜드 더블린에 있는 샤논 공항의 칵테일 라운지에서 일하는 바텐더 죠 세리던이 겨울철 승객들을 위해 만들었다는 설이 있다. 뜨거운 커피에 아이리시 위스키를 타서 마시는 음료로 추운 겨울철에 추위를 녹여주는 Hot Drink이다.

## 17. Rusty Nail(러스티 네일)

① *Old  Fashioned  Glass*에  얼음을  넣고
② *Scotch  Whisky*　　　　*1 1/2 oz*
　 *Drambuie*　　　　　　*1/2 oz*
③ *Stirring*하고  서브한다.


　'녹슨  못  또는  낡았다'는  뜻의  러스티  네일은  영국  신사들이  즐겨
마시는  고급스러운  칵테일이다.  스카치  위스키에  영국  왕실에서만  마
셨던  드람부이(Drambuie)를  혼합한  칵테일로  히스(Heath)  꿀의  맛과
향이  조화를  잘  이루어  중년층의  남성들이  즐겨  마시는  칵테일이다.

## 18. Brandy Sour(브랜디 사워)

① Shaker에 얼음을 넣고

② Brandy　　　　　　　 1 1/2 oz

　Lemon Juice　　　　 1/2 oz

　Sugar　　　　　　　 1 tsp

③ Shaking하고 Sour Glass에 따른다.

④ Lemon Slice & Cherry로 Garnish한다.

　　사워(Sour)란 '시큼한, 신맛'의 뜻으로 브랜디대신 주재료에 진을 넣으면 진 사워, 위스키를 넣으면 위스키 사워가 된다. 몇몇 서적과 실기시험장에서 소다수(Soda Water)를 넣은 레시피를 적용하고 있지만, 소다수(Soda Water)를 넣지 않는 것이 올바른 것이다.

## 19. Golden Cadillac(골든 캐딜락)

① *Shaker에 얼음을 넣고*
② *Galliano                          1 oz*
   *Cr me De Cacao (White)  1 oz*
   *Light Cream                  1 oz*
③ *Shaking하고 Champagne Glass에 따른다.*
④ *Nutmeg 가루를 위에 뿌려준다.*

이탈리아에서 갈리아노(Galliano)를 생산하는 회사에서 판매 촉진을 위해 만든 칵테일이다.

## 20. Harvey Wallbanger(하비 월뱅어)

① *Highball Glass*에  얼음을  넣고
② *Vodka*                    *1 1/2 oz*
   *Orange  Juice*          *FILL*
③ *Stirring*하고 *Galliano 1/2 oz*를 위에 *Floating*한다.
④ *Lemon Slice*로 *Garnish*한다.


1948년 미국 뉴욕에서 Galliano 외판원인 하비 월뱅어는 판매실적이 부진하자 매일 저녁 여러 곳의 Bar를 다니며 자신의 이름인 하비 월뱅어를 주문했다. 바텐더가 조주법을 모르자 스크류 드라이버에 Galliano 1/2 oz를 넣어주면 된다고 홍보하고 다녀 Gallino 판매에 많은 실적을 올렸다고 한다.

## 21. Daiquiri(다이커리)

① *Shaker*에 얼음을 넣고

② *Light Rum*　　　　　*1 1/2 oz*

　*Lime Juice*　　　　*1/2 oz*

　*Sugar*　　　　　　*1 tsp*

③ *Shaking*하고 *Cocktail Glass*에 따른다.


　1898년 스페인으로부터 독립을 한 쿠바는 미국으로부터 여러 가지 기술원조를 받았는데 다이커리란 쿠바 샌차고 교외에 있는 광산이름이다. 쿠바산 럼에 라임주스와 설탕을 넣어 마시며 더위를 견뎌냈다는 이 칵테일은 1922년 쿠바의 다이커리 광산에서 근무하던 미국인 기술자 제닝스 콕스가 광산에 찾아오는 자기 친구들을 위하여 만들어 마셨다는 이야기가 있다.

## 22. Kiss Of Fire(키스 오브 파이어)

① *Cocktail Glass*에 *White Sugar*로 *Rimming*한다.

② *Shaker*에 얼음을 넣고

③ *Vodka*                    *2/3 oz*

   *Sloe Gin*                 *2/3 oz*

   *Dry Vermouth*        *2/3 oz*

   *Lemon Juice*          *1/3 oz*

④ *Shaking*하고 *Cocktail Glass*에 따른다.


    1953년 일본에서 열렸던 제5회 칵테일 경연대회에서 1위를 한 작품으로 처음 만든 사람은 이시오가 켄지이다. 젊은 연인간의 달콤한 사랑을 연상케 하는 칵테일로 슬로우 진의 개성을 잘 살렸다는 평가를 받았다.

## 23. B & B (비앤비)

① *2 oz Pousse Cafe Glass*에
② *Benedictine          1/2 oz*
  *Brandy          1/2 oz*
③ 섞이지 않게 *Floating*하고 서브한다.

　Brandy와 Benedictine의 첫 머릿자를 따서 붙인 이름이며, 독특한 2가지 맛과 향을 음미할 수 있는 식후에 적합한 칵테일이다. 최근에는 플로팅한 것보다 믹스나 온더락스 타입을 즐기는 사람들이 많다. 이 칵테일이 인기를 얻자 지금은 Benedictine을 만드는 회사에서 Cognac에 Benedictine을 혼합해서 병으로 판매하고 있다.

## 24. Orange Blossom(오렌지 블라섬)

① *Shaker*에  얼음을  넣고
② *Dry  Gin*              *1 oz*
    *Orange  Juice*       *1 oz*
    *Sugar*               *1 tsp*
③ *Shaking*하고  *Cocktail Glass*에  따른다.


'오렌지 꽃'이라는  뜻으로  미국에선  오렌지  꽃과  체리는  여성들의 순결을  의미한다.  1892년  미국  뉴올리언스에  한  부호집에서  결혼식  피로연회에서  하객들을  접대하기  위해  만들어  마셨다는  설과  피츠버그의 바텐더  빌리  마로이가  만들었다는  설이  있다.  미국의  금주법  시대에 미국  내에서  밀조된  진의  냄새를  없애기  위해  오렌지  주스를  가미한 해서  마셨다는  이야기도  있다.

## 25. New York(뉴욕)

① Shaker에 얼음을 넣고

② Blended Whisky　　1 1/2 oz

　　Lime Juice　　　　1/2 oz

　　Sugar　　　　　　1 tsp

　　Grenadine Syrup　1 tsp

③ Shaking하고 Cocktail Glass에 따른다.


　역사가 오래된 클래식 칵테일로 사용되는 블렌디드 위스키는 미국산 블렌디드 위스키로 라이 또는 버번 위스키를 사용한다.

## 26. Mai Tai(마이 타이)

① Shaker에 얼음을 넣고

② Light Rum      1 oz      Triple Sec      1/2 oz

   Lemon Juice      1 1/2 oz      Orange Juice      1 1/2 oz

   Pineapple Juice      1 1/2 oz      Grenadine Syrup      1 tsp

③ Shaking하고 Cocktail Pilsner에 따른다.

④ Orange Slice & Cherry로 Garnish 한다.


마이타이는 타이티(Tihiti)어로 'Mai Tai Roa Ae'에서 파생된 말로 "최고의 환상 같다. 이 세상 물건이 아닌 최고다"라는 의미로 1944년 미국 캘리포니아 오클랜드의 폴리네시안 레스토랑에서 무역업을 하는 미국인이 타이티인 친구를 초대하여 칵테일을 특별히 주문하여 대접했을 때 이 친구들이 말한 것이 시초이다. 열대성 과일의 신선한 맛과 향, 화려한 과일 장식으로 남국 특유의 트로피칼 칵테일(Tropical Cocktail)이다.

## 27. Bacardi(바카디)

① *Shaker*에 얼음을 넣고
② *Bacardi Rum*          *1 1/2 oz*
　 *Lime Juice*          *1/2 oz*
　 *Grenadine Syrup*     *1 tsp*
③ *Shaking*하고 *Cocktail Glass*에 따른다.

　Bacardi Rum이 없을 때에는 Light Rum으로 대신한다.
　1933년 미국의 금주법이 해제됨과 동시에 쿠바에 있는 바카디 회사가
자기 회사의 럼을 홍보하기 위해 다이커리를 변형시켜 만든 칵테일이다.
다이커리의 레시피에서 베이스인 럼을 바카디 럼으로 하고 슈거시럽을
그레나딘 시럽으로 바꾸었다. 당시 뉴욕에서는 바카디 럼을 사용하지 않
은 칵테일을 바카디란 이름으로 판매하여 손님이 재판에 소송을 제기했
는데 결국 1936년 판결문에 "바카디 칵테일은 꼭 바카디 럼을 사용해야
한다"고 판결하여 더욱 유명해진 칵테일이다.

## 28. Screwdriver(스크류드라이버)

① *Highball Glass*에 얼음을 넣고
② *Vodka*                *1 1/2 oz*
   *Orange Juice        FILL*
③ *Stirring*하고 서브한다.

　금주의 나라인 이란 유전에서 근무하던 미국인 유전 기술자들이 Orange Juice에 무미 무색 무취의 술 보드카(Vodka)를 혼합하여 갖고 다니던 드라이버(Driver)로 휘저어 마시며 금기를 극복하였다는 이야기가 있다. 이 칵테일은 보드카의 특성 때문에 '뭣 모르고 쉽게 마신 여성들을 빨리 취하게 만든다'하여 레이디 킬러(Lady Killer)라는 닉네임을 가지고 있지만 지금은 그 닉네임이 어울리지 않을 만큼 시대가 바뀌었다. 베이스인 보드카를 진으로 바꾸고 설탕을 넣으면 오렌지 블라섬(Orange Blossom)이 되고, 스크류드라이버에 갈리아노(Galliano)를 넣으면 하비 월뱅어(Harvey Wallbanger)가 된다.

## 29. Gibson (깁슨)

① *Mixing Glass*에 얼음을 넣고
② *Dry Gin*                   *1 1/2 oz*
   *Dry Vermouth*         *1/2 oz*
③ *Stirring*하고 *Cocktail Glass*에 따른다.
④ *Cocktail Onion*으로 *Garnish*한다.

   1890년대 미국에서 인기가 있었던 화가 찰스 더너 깁슨이 뉴욕의 플레이스 클럽에서 즐겨 마셨던 칵테일로 깁슨이 만들었다는 설과 금주주의자인 미국대사 깁슨이 파티석상에서 웨이터에게 술이 아닌 물과 칵테일 어니언을 넣어 가져오라고 해서 마시는 시늉을 했다는 설이 있다.

## 30. Sloe Gin Fizz (슬로 진 피즈)

① Shaker에 얼음을 넣고
② Sloe Gin             1 1/2 oz

   Lemon Juice       1/2 oz

   Sugar             1 tsp
③ Shaking하고 얼음이 담긴 Highball Glass에 따른다.
④ Soda Water로 잔을 채우고 가볍게 Stirring한다.
⑤ Lemon Slice로 Garnish한다.


　카카오 피즈(Cacao Fizz)와 함께 여성들이 마시기 좋은 칵테일이다.

## 31. Cuba Libre (쿠바 리버)

① *Highball Glass*에  얼음을  넣고
② *Light  Rum*　　　　*1 oz*
　 *Lime  Juice*　　　　*1/2 oz*
　 *Coke*　　　　　　*FILL*
③ *Stirring*하고 *Lemon Slice*로 *Garnish*한다.


　스페인의  식민지로부터  독립을  맞은  쿠바에서  당시  민족  투쟁의  구
호인  "자유  쿠바  만세(Viva  Cuba  Libre,  비바  쿠바  리버)"를  외치며
환호하던  감격을  기념하여  당시  쿠바에  주둔하던  미군  장교가  만들어
주위  동료들과  마시면서  시작된  칵테일이다.

## 32. Grasshopper (그래스하퍼)

① Shaker에 얼음을 넣고

② Creme De Menthe (Green)　　1 oz

　 Creme De Cacao (White)　　1 oz

　 Light Cream　　　　　　　1 oz

③ Shaking하고 Champagne Glass에 따른다.

④ Nutmeg 가루를 위에 뿌려준다.

　'메뚜기, 여치'라는 이름의 이 칵테일은 처음 만들었을 때는 쉐이킹한 것이 아니라 층층이 쌓아서 만드는 플로팅 스타일이었다. 카카오와 생크림 사이에 초록색의 크렘 드 망뜨가 마치 메뚜기를 연상시켜서 이와 같은 이름을 붙이게 되었다. 박하 맛이 나는 페퍼민트(Peppermint)와 초콜릿 맛이 나는 카카오(Cacao)의 맛이 조화를 이룬 칵테일로 크렘 드 망뜨 대신에 갈리아노로 바꾸면 골든 캐딜락(Golden Cadillac)이 된다.

## 33. Gin Tonic(진 토닉)

① *Highball Glass*에 얼음을 넣고
② *Dry Gin*　　　　　　*1 oz*
　　*Tonic Water*　　　　*FILL*
③ *Stirring*하고 *Lemon Slice*로 *Garnish*한다.

　대영제국시대 때 영국 군인들이 열대병인 말라리아를 예방하기 위해 물에다 키니네를 타서 마신 것을 보건 음료로 개발하여 만든 것이 토닉 워터이다. 이 토닉 워터에 이뇨 효과가 있는 진을 첨가하여 마신 것이 진 토닉의 시초이다. 여름철에 가장 많이 마시는 여름철 건강음료로 알려져 있는 진 토닉은 뒷맛이 개운하며 깔끔하다.

## 34. Rob Roy (롭 로이)

① *Mixing Glass*에 얼음을 넣고
② *Scotch Whisky*　　　　　*1 1/2 oz*
　 *Sweet Vermouth*　　　　*1/2 oz*
　 *Angostura Bitters*　　　*1 dash*
③ *Stirring*하고 *Cocktail Glass*에 따른다.
④ *Cherry*로 *Garnish*한다.

　롭 로이는 18세기 스코틀랜드에서 명성이 높았던 Robert Roy라는 인물의 애칭으로 자신의 명예와 영광을 다 버리고 평민의 한 여인을 사랑하였다는 이야기를 가지고 있다. 이 애환이 담긴 칵테일은 영국 런던에 있는 사보이 호텔에서 근무하는 바텐더가 만든 것이 그 시초이다.

## 35. Zoom(줌)

① *Shaker*에 얼음을 넣고
② *Brandy*          *1 oz*
   *Honey*         *1/2 oz*
   *Cream*        *1/2 oz*
③ *Shaking*하고 *Cocktail Glass*에 따른다.

## 36. Negroni(네그로니)

① *Mixing Glass*에 얼음을 넣고
② *Dry Gin*                 *1 oz*
    *Sweet Vermouth*      *1/2 oz*
    *Campari Bitter*       *1/2 oz*
③ *Stirring*하고 얼음을 채운 *Old Fashioned Glass*에 따른다.
④ *Orange Slice*로 *Garnish*한다.

    이탈리아의 미식가인 카밀로 네그로니 백작이 단골로 다니던 피렌체의 레스토랑 카소니에서 이 칵테일을 아페리티프로 즐겨 마셨다고 한다. 이 백작이 직접 고안하여 바텐더에게 주문한 칵테일로 후에 그 레스토랑에서 근무하던 바텐더가 백작의 허가를 받아 네그로니란 칵테일 이름으로 1962년도에 발표한 작품이다.

## 37. Gin Rickey(진 리키)

① *Highball Glass*에 얼음을 넣고
② *Dry Gin*              *1 1/2 oz*
   *Lime Juice*           *1/2 oz*
   *Soda Water*           *FILL*
③ *Stirring*하고 *Lemon Slice*로 *Garnish*한다.

육군 대령인 짐 릭키에 의해 미국에서 만들어졌다는 이야기와 워싱턴 D.C의 로비스트가 자신이 자주 다니던 슈우메이커라는 레스토랑에서 만들었다는 이야기도 있다. 이 칵테일은 당분이 첨가되지 않은 것으로 당뇨 증세가 있는 사람들이 가시기에 적합한 칵테일이다.

## 38. Sidecar(사이드카)

① *Shaker*에 얼음을 넣고
② *Brandy*             *1 oz*
    *Cointreau*        *1/2 oz*
    *Lemon Juice*      *1/2 oz*
③ *Shaking*하고 *Cocktail Glass*에 따른다.
*Cointreau*가 없으면 *Triple Sec*으로 대신한다.

   1차 세계대전 당시 파리에서 항상 사이드카를 타고 비스트로(Bistro, 선술집)를 다니던 독일군 장교가 만들었다는 설과 파리의 하리즈 바의 경영자 하리 막켈퐁이 만들었다는 설이 있다.

## 39. Gin Fizz(피즈)

① *Shaker*에 얼음을 넣고
② *Dry Gin*                1 1/2 oz
   *Lemon Juice*          1/2 oz
   *Sugar*                 1 tsp
③ *Shaking*하고 얼음과 함께 *Highball Glass*에 따른다.
④ *Soda Water*            FILL
⑤ *Stirring*하고 *Lemon Slice*로 *Garnish*한다.

피즈(Fizz)란 소다수 등의 탄산음료의 뚜껑을 열 때 나는 "피식"하는 소리나 소다수를 따랐을 때 거품이 잔에서 튀는 소리를 표현한 말이다. 피즈 스타일의 대표적인 칵테일로 1888년 뉴올리언스에 있는 임페리얼 캐비닛 샤론에 있는 바텐더 헨리 라모스가 만들었다고 전해진다.

## 40. Chi-Chi(치치)

① *Shaker*에 얼음을 넣고

② *Vodka*　　　　　*1 oz*

　*Pineapple Juice*　*4 oz*

　*Coconut Cream*　*1/2 oz*

③ *Shaking*하고 *Crushed Ice*가 담긴 *Goblet Glass*에 따른다.

④ *Cherry*로 *Garnish*한다.

　치치(Chichi)란 성적 매력을 느끼게 하는 풍만한 가슴을 가진 여성을 의미하는 것으로 코코넛 맛을 느낄 수 있는 칵테일이다. 이 밖에 무알코올의 버진 치치, 베이스가 라이트 럼인 피나 콜라다가 유명하다.

## 41. Between The Sheets(비트윈 더 시츠)

① *Shaker*에 얼음을 넣고
② *Brandy*                *2/3 oz*
   *Light Rum*        *2/3 oz*
   *Triple Sec*        *2/3 oz*
   *Lemon Juice*     *1/3 oz*
③ *Shaking*하고 *Cocktail Glass*에 따른다.

유럽에 있는 한 호텔 바에서 만들어진 칵테일로 '시트와 시트사이에' 즉 잠자리에서 분위기를 낼 수 있는 침전주(寢前酒)로 좋은 칵테일이다. 클래식 타입의 이 칵테일은 브랜디(Brandy)와 럼(Rum), 꼬앙뜨로(Cointreau)가 잘 조화를 이룬 칵테일이다.

## 42. Moscow Mule(모스코 뮬)

① *Highball Glass*에 얼음을 넣고
② *Vodka*              *1 1/2 oz*
   *Lime Juice*         *1/2 oz*
   *Ginger Ale*         *FILL*
③ *Stirring*하고 *Lemon Slice*로 *Garnish*한다.

　모스코 뮬이란 '모스코바의 노새'란 뜻으로 스미노프(Smirnoff) 보드카의 판매촉진을 위해 창안하여 1946년부터 홍보하기 시작했는데 보드카, 진저비어, 동제 머그컵 등 각각의 매상을 늘리려고 생각하던 세 사람이 힘을 합쳐 유행시켰다고 한다. 처음에는 구리로 만든 머그컵에 이 칵테일을 마시는 손님들에게 즉석사진을 찍어 선물로 주었다. 칵테일 이름은 스미노프 보드카를 생산하는 휴브라인 피에레 회사가 선전하기 위해 러시아의 야생마를 이용한데서 붙여진 것이다. 한국에서는 Ginger Beer를 구하기 어려워 Ginger Ale로 대신하고 있다.

## 43. Apricot Brandy(애프러캇 브랜디)

① *Shaker*에 얼음을 넣고
② *Apricot Brandy*      *1 oz*
   *Dry Vermouth*      *1/3 oz*
   *Lemon Juice*      *1/3 oz*
   *Orange Juice*      *1/3 oz*
③ *Shaking*하고 *Cocktail Glass*에 따른다.

## 44. Olympic(올림픽)

① *Shaker*에 얼음을 넣고
② *Brandy*               *1 oz*
   *Cointreau*           *1/2 oz*
   *Orange Juice*        *1/2 oz*
③ *Shaking*하고 *Cocktail Glass*에 따른다.


  Cointreau가 없으면 Triple Sec으로 대신한다.
1900년 제2회 프랑스 파리 올림픽을 기념해서 파리에 있는 리츠 호텔에서
만들었던 칵테일이다.

## 45. Honeymoon(허니문)

① *Shaker*에 얼음을 넣고
② *Apple Brandy*　　　　*1 oz*
　*Benedictine*　　　　*1 oz*
　*Lemon Juice*　　　　*1/2 oz*
　*Triple Sec*　　　　*1 tsp*
③ *Shaking*하고 *Cocktail Glass*에 따른다.

　신혼 시절의 행복한 추억을 영원히 간직할 수 있도록 칵테일에 품질이 우수한 프랑스산 칼바도스(Calvados)와 혼성주로 유명한 베네딕틴(Benedictine)을 넣어서 만든 칵테일이다.

## 46. Hawaiian Cocktail(하와이안 칵테일)

① Shaker에 얼음을 넣고
② Dry Gin               1 oz
  Orange Curasao        1/3 oz
  Pineapple Juice       1/3 oz
  Orange Juice          1/3 oz
③ Shaking하고 Cocktail Glass에 따른다.

## 47. Paradise (파라다이스)

① Shaker에 얼음을 넣고
② Apricot Brandy　　　　　　1 oz
　 Dry Gin　　　　　　　　　1/2 oz
　 Orange Juice　　　　　　　1/2 oz
③ Shaking하고 Cocktail Glass에 따른다.

　'낙원'이란 뜻을 가진 이 칵테일은 애프러캇 브랜디를 주재료로 1 oz 사용하고 나머지를 1/2 oz 사용하고 있으나 지금은 드라이한 맛을 즐기는 경향이 있어 드라이 진을 1 oz로 하고 나머지 애프러캇 브랜디와 오렌지 주스를 1/2 oz로 하고 있다. 위에 레시피는 초기 레시피를 따랐다.

## 48. Million Dollar(밀리언 달러)

① *Shaker*에 얼음을 넣고
② *Dry Gin*                1 1/2 oz
   *Sweet Vermouth*        1/2 oz
   *Pineapple Juice*       1/2 oz
   *Grenadine Syrup*       1 tsp
   *Egg White*             1 ea
③ *Shaking*하고 *Champagne Glass*에 따른다.
④ *Nutmeg* 가루를 위에 뿌려준다.

 '백만장자'라는 뜻인 밀리언 달러는 1922년 일본 요코하마에 있는 뉴그랜드호텔 미국인 바텐더 루이스 에빙거가 처음 만들었으며 일본 경제가 좀 더 좋아지기를 바라는 마음에서 이 칵테일을 만들었다고 한다. 나중에 동경 긴자에 있는 라이온 클럽의 바텐더인 하마다 마사오가 만들어 준 것이 고객들 사이에 널리 알려져 유행시켰다.

## 49. Spritzer(스프릿처)

① *Highball Glass*에 얼음을 넣고
② *White Wine*　　　　　*3 oz*
　*Soda Water*　　　　　*FILL*
③ *Stirring*하고 *Lemon Slice*로 *Garnish*한다.

　스피릿처란 독일어 '슈프리첸(톡톡 튄다)'에서 온 말이다. 화이트 와인에 소다수를 혼합한 음료로 알코올 도수가 낮고 라이트한 건강음료이다.

## ll. Brandy Eggnog (브랜디 에그녹)

① *Highball Glass*에 얼음을 넣고
② *Tequila*　　　　　　　*1 1/2 oz*
　*Orange Juice*　　　　*FILL*
③ *Stirring*한다.
④ *Grenadine Syrup*　　*1/2 oz*
⑤ 글라스 위에 천천히 붓는다.
⑥ *Orange Slice & Cherry*로 *Garnish*한다.

　멕시코의 특산주인 데킬라를 주재료로 만든 칵테일로 1960년대에 멕시코에서 처음 만들어졌다. 멕시코산 데킬라와 오렌지주스를 혼합한 후 그레나딘 시럽을 넣어 마치 일출을 연상케 하는 칵테일이다. 롤링 스톤즈의 믹 재거가 좋아했던 칵테일로 1972년 멕시코 공연 때 처음 마셔보고 순회공연을 돌면서 가는 곳마다 데킬라 붐을 만들어 전세계에 알렸던 칵테일이다.

# 부록

- 조주기능사 시험안내
- 조주기능사 기출문제

# 1 필기시험

- 시험과목 : 양주학, 주장관리, 기초영어
- 시험문제 : 총 60문제
- 시험시간 : 60분

| 시험과목 | 문제수 | 주요항목 | 세부항목 |
| --- | --- | --- | --- |
| 양주학 개론 | 30 | 1. 음료론 | 1. 음료의 개념<br>2. 음료의 변천<br>3. 음료의 구분<br>4. 식사와 음료 |
| | | 2. 주류론 | 1. 양조주<br>2. 증류주<br>3. 혼성주<br>4. 민속주 |
| | | 3. 조주론 일반 | 1. 조주의 의의<br>2. 조주법<br>3. 부재료<br>4. 장시법<br>5. 글라스와 기구<br>6. 계량단위 |
| 주장관리론 | 20 | 1. 주장관리 | 1. 주장관리의 의의<br>2. 주장요원의 직무<br>3. 주류저장관리<br>4. 위생적인 주류 취급 절차 |
| | | 2. 기물관리 | 1. 영업준비<br>2. 주장기물 관리<br>3. 주장기물 사용법 |

| 시험과목 | 문제수 | 주요항목 | 세부항목 |
|---|---|---|---|
| 기초영어 | 10 | 1. 주류영어 | 1. 조주명<br>2. 기타 음료명 |
|  |  | 2. 주장영어 | 1. 주장서비스 영어 |

# 2 실기시험

■ 실기시험시간 : 7분

■ 시험방법

　예상 공개 문제 50문제에서 출제하며 3명씩 1조를 이루어 임의로 선택된 칵테일 3가지를 만들도록 시험관이 요구한다. 그 때 7분 안에 만들어야 하며, 채점 후에 3분 동안 주변 시설물을 정리한 후 퇴실한다.

■ 채점기준

〈각종재료와 기구선택〉
- 칵테일에 맞는 올바른 글라스 선택
- 레시피에 맞는 주재료, 부재료 선택

〈주재료 주입〉
- 상표가 손님에게 보이는 방향으로 잡았는가?
- 따를 때 흘리지는 않았는가?(숙련도 파악)

〈부재료의 사용〉
- 오렌지와 레몬장식을 잘 하는가?(숙련도 파악)
- 장식방법이 적절한가?
- 소다수를 넣고 쉐이커를 흔드는 실수를 하는가?

〈칵테일 방법〉
- 각종 주재료의 주입량과 순서가 정확한가?
- 혼합법(build), 휘젓기법(stir), 흔들기법(shaking)을 칵테일에 맞게 하는가?
- 각종기구 사용이 정확한가?

〈위생 및 청결〉
- 위생에 신경 쓰면서 하는가?(손으로 얼음을 집는 행위, 글라스 테두리를 잡는 행위)
- 복장, 두발, 손톱 등이 깨끗한가?(매니큐어, 반지착용 금지)

〈유의사항〉
- 시설은 지정해 준 것만 사용한다.
- 지정된 장소 이탈시 감독위원의 승인을 받는다.
- 완성된 칵테일을 신속히 제출한다.
- 시설 및 기구가 파손되지 않도록 주의한다.
- 실기시험이 끝나면 본인 기물을 세척한 뒤 원위치에 놓고 퇴장한다

# 3 검정응시절차

■ 수검원서 교부

교부장소 : 한국산업인력공단 4개 지역본부 및 18개 지방사무소,
전국 시·군·구청 민원실

■ 수검원서 교부 및 접수기간
- 평  일 : 오전 9시~오후 6시

  (단, 11월 1일~2월말까지는 오전 9시~오후 5시)
- 토요일 : 오전 9시~오후 1시

※ 단, 공유일은 원서교부 및 접수를 하지 않음

■ 제출서류
〈필기시험〉

  수검원서 1통(공단내 소정양식), 3.5cm×4.5cm의 증명사진 2매 (탈모상반신),
  응시료 5천원
〈실기시험〉

  (필기시험 합격자) 필기시험 때 본 수검표, 실비 3만5천백원

■ 기타

기능사는 응시자격에 제한이 없다.
필기시험 면제기간 산정 기준일은 당해 필기시험 합격자 발표일로부터 2년
간이다.


# 4 합격결정기준

■ 필기시험 : 100점에 60점이상
■ 실기시험 : 100점에 60점이상


# 5 시험준비물

■ 필기시험 : 주민등록증, 수검표, 컴퓨터용 싸인펜
■ 실기시험 : 주민등록증, 수검표, 필기구(볼펜)

| 지역사무소명 | 주　소 | 필기시험 | 실기시험 | 자격증교부 |
|---|---|---|---|---|
| 서울경인지역본부 | 서울시 마포구 공덕동 | 02)3273-9651 | 273-9653 | 716-8440 |
| 충청 지역본부 | 대전광역시 동구 용전동 | 042)624-8811 | 624-8812 | 624-8813 |
| 영남 지역본부 | 부산광역시 남구 용당동 | 051)620-1910 | 620-1920 | 620-1930 |
| 호남 지역본부 | 광주광역시 북구 대촌동 | 062)970-1701 | 970-1702 | 970-1703 |
| 서울동부지방사무소 | 서울시 동대문구 장안동 | 02)2242-6140 | 2242-6142 | 2242~6144 |
| 서울남부지방사무소 | 서울시 관악구 신림본동 | 02)876-8323 | 876-8324 | 876-8322 |
| 대구 지방사무소 | 대구광역시 달서구 갈산동 | 053)586-7601 | 586-7602 | 586-7603 |
| 인천 지방사무소 | 인천광역시 남동구 고잔동 | 032)818-2181 | 818-2182 | 818-2183 |
| 경기 지방사무소 | 경기도 수원시 장안구 정자2동 | 031)253-1916 | 253-1917 | 253-1915 |
| 춘천 지방사무소 | 강원도 춘천시 온의동 | 033)254-6690 | 254-6992 | 255-4563 |
| 강릉 지방사무소 | 강원도 강릉시 임당동 | 033)644-8211 | 644-8212 | 644-8214 |
| 충북 지방사무소 | 충북 청주시 흥덕구 운천동 | 043)272-8141 | 272-8142 | 272-8143 |
| 충남 지방사무소 | 충남 천안시 성정동 | 041)576-6781 | 576-6782 | 576-6783 |
| 전북 지방사무소 | 전북 전주시 덕진구 덕진2가 | 063)254-0477 | 254-6010 | 254-9205 |
| 순천 지방사무소 | 전남 순천시 장천동 | 061)742-4051 | 742-4052 | 742-4053 |
| 목포 지방사무소 | 전남 목포시 대양동 | 061)282-8671 | 282-8672 | 282-8673 |
| 부산북부지방사무소 | 부산광역시 동래구 온천1동 | 051)554-3482 | 554-3484 | 554-3484 |
| 울산 지방사무소 | 울산광역시 남구 삼산동 | 052)276-9031 | 276-9032 | 276-9033 |
| 안동 지방사무소 | 경상북도 안동시 평화동 | 054)855-2121 | 855-2122 | 855-2123 |
| 포항 지방사무소 | 경상북도 포항시 남구 대도동 | 054)278-7702 | 278-7703 | 278-7704 |
| 경남 지방사무소 | 경상남도 창원시 중앙동 | 055)285-4001 | 285-4002 | 285-4003 |
| 제주 지방사무소 | 제주도 제주시 일도2동 | 064)723-0701 | 723-0701 | 723-0702 |

# 7 합격자 발표 및 실기시험 안내

- 자동응답전화(ARS) 이용 : (지역번호없이) 700-2009
  단, 공중전화 사용불가
- 합격자 발표 : 발표일로부터 4일간 (실기합격자는 7일간)
- 인터넷 : www.kmanet.or.kr

**1.** 86 proof는 몇 도인가?

① 13도  ② 23도

③ 33도  ④ 43도

**2.** 1 pony는 몇 oz 인가?

① 1 oz  ② 1.5 oz

③ 2 oz  ④ 3 oz

**3.** straight glass는 몇 oz 인가?

① 1 oz  ② 2 oz

③ 3 oz  ④ 6 oz

**4.** champagne을 만든 발명자는?

① Aeneas Coffey  ② Dom Perignon

③ Pasteur  ④ Napoleon

**5.** V.S.O.P.를 바르게 풀어 쓴 것은?

① Very Special Of Period

② Very Superior Old Pale

③ Very Some Old Pale

④ Very Special Old Pot

**6.** What would you like to your steak?에 알맞은 대답이 아닌 것은?

① Well-done  ② Medium

③ Rare  ④ Rare-Medium

**정 답**  1. ④  2. ①  3. ①  4. ②  5. ②  6. ④

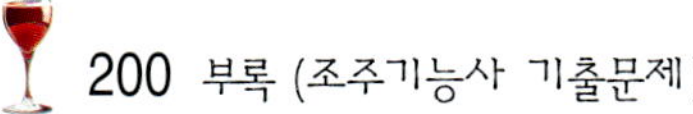

**7.** Gibson에 사용되는 garnish는?

① Cherry  ② Orange

③ Lemon  ④ Onion

**8.** Screwdriver에 사용되는 주스는?

① Lime Juice  ② Orange Juice

③ Lemon Juice  ④ Tomato Juice

**9.** 다음 중 Brandy 숙성연도가 가장 오래된 것은?

① V.O  ② V.S.O.P.

③ X.O.  ④ Extra

**10.** Cognac은 어느 나라 제품인가?

① 미국  ② 영국

③ 멕시코  ④ 프랑스

**11.** What kind of wine is good for the entree?

① Red Wine  ② White Wine

③ Port Wine  ④ Champagne

**12.** French Vermouth에 대한 설명 중 맞는 것은?

① 담색에 감미하다.

② 담색에 무감미하다.

③ 적색에 감미하다.

④ 적색에 무감미하다.

○ 유일한 프렌치 버무스 Noilly-prat (노일리 프랏)은 담색에 무감미하고 드라이하다.

**13.** Tequila와 관계가 없는 말은?

① 혼성주  ② 용설란

③ 멕시코  ④ 풀케

**14.** 다음 중 스카치 위스키가 아닌 것은?

① Ballantine's   ② Cutty-Sark

③ Old Grand Dad   ④ VAT69



**15.** 카운터 테이블의 폭과 넓이가 적당한 것은?

① 폭 40cm, 높이 90cm

② 폭 40cm, 높이 120cm

③ 폭 50cm, 높이 90cm

④ 폭 50cm, 높이 120cm

**16.** Would you mind ___________ over that glass?

① to pass   ② pass

③ passing   ④ passed



**17.** You had better ___________ as soon as you can.

① go   ② goes

③ to go   ④ went



**18.** 기주를 넣고 리큐르나 부재료를 글라스에 직접 넣는 방법은?

① Build   ② Shake

③ Float   ④ Frost

**19.** 품격이 높은 Banquet에서의 Service 형태는?

① American Service   ② Russian Service

③ French Service   ④ Family Service

**20.** 와인을 열 때 사용되는 기구는?

① Opener   ② Cockscrew

③ Stopper   ④ Blender

정 답   14. ③   15. ②   16. ③   17. ①   18. ①   19. ③   20. ②

# 제**2**회 조주기능사 기출문제

**1.** canape란 무엇인가?

① 식전에 먹는 오드되브르(hors d'oeurve)

② 통조림 과자

③ 식후에 먹는 비스킷(biscuit)

④ 술안주

**2.** Select the cocktail based whisky in the following.

① Stinger

② Martini

③ Rusty Nail

④ Kiss of Fire

○ 다음 중 위스키가 베이스인 칵테일을 고르시오.

**3.** 다음 중 4대 위스키 산지가 아닌 곳은?

① 캐나다 　　　　② 프랑스

③ 미국 　　　　④ 영국

○ 4대 위스키 산지 : 스코틀랜드, 아일랜드, 미국, 캐나다

**4.** Let me pay, please. It's ＿＿＿＿＿ me, today.

① on 　　　　② at

③ in 　　　　④ to

○ 계산서 좀 주세요. 오늘은 제가 내겠습니다.

**5.** 혼성주 중에 D.O.M이란 레텔이 붙은 제품에 대한 설명이다. 옳은 것은?

① D.O.M이란 이 제품을 만든 회사명이다.

② D.O.M이란 최선, 최고의 신에게란 뜻을 가지고 있다.

③ D.O.M이란 프랑스산 리큐르를 말한다.

④ D.O.M이란 프랑스를 나타내는 지방 토착어이다.

**정 답**　　1. ①　2. ③　3. ②　4. ①　5. ②

**6.** 다음 중 Gin Base로 만든 칵테일이 아닌 것은?

① Negroni

② Martini

③ Tom Collins

④ Rusty Nail



**7.** Brandy Alexander를 만들 때 사용되는 기물은?

① Mixing Glass　　② Shaker

③ Bar Spoon　　④ Blender



**8.** 계란, 우유 등을 잘 섞이게 하기 위해 사용되는 기구는?

① Mixing Glass

② Shaker

③ Bar Spoon

④ Blender

**9.** 750㎖ 위스키 한 병을 온스(oz)로 환산하면?

① 25 oz　　② 26 oz

③ 27 oz　　④ 28 oz

**10.** Bar Helper란 어떤 일을 하는가?

① 직원들을 통제 관리하는 사람

② 바의 기물 세척 및 매장 청소 담당

③ 바(bar)에서 쓰이는 주류제품의 창고 관리

④ 바텐더를 보조하는 사람

**11.** 포말주(泡沫酒)란?

① 샴페인　　② 위스키

③ 브랜디　　④ 보드카



**정 답**　　6. ④　7. ②　8. ②　9. ①　10. ④　11. ①

**12.** '먼저 하십시오' 란 영어식 표현으로 올바른 것은?

① Before you, please.

② After you, please.

③ Go ahead, please.

④ On yourself, please.

**13.** 과일의 과즙을 내는 스퀴저의 올바른 영문표기는?

① squeeze　　　　② squeezer

③ squize　　　　　④ squizer

**14.** This table is __________ three persons. Come this way, please.

① for　　　　　② in

③ to　　　　　　④ by

**15.** Shaker를 사용하는데 믹스 해서는 안 되는 재료는?

① 증류주＋소다수

② 위스키＋레몬주스

③ 우유＋설탕시럽

④ 브랜디＋계란

**16.** 1 Quart는 몇 oz 인가?

① 128 oz　　　　② 64 oz

③ 32 oz　　　　　④ 16 oz

**17.** 샴페인에 대한 설명 중 맞는 것은?

① 프랑스 샹파뉴 지방의 포도주

② 스페인의 헤레스 지방의 포도주

③ 포르투갈 도루 지방의 포도주

④ 아탈리아산 포도주

○ sueeze(압축하다.) squeezer(과일즙을 짜내는 기구)

○ 탄산이 들어간 제품은 Shaking하지 않는다.

**18.** 다음 중 혼성주가 아닌 것은?

① Cr m De Cacao  ② Cointreau

③ Cura ao  ④ Martell


**19.** 다음 중 알코올 도수가 가장 낮은 주류는?

① Beer  ② Gin

③ Whisky  ④ Vodka


**20.** 매출증대 방안으로 바람직하지 못한 것은?

① 고가(高價)메뉴 추천

② 추가주문 권유

③ 세트 메뉴 권유

④ 고객서비스 질 향상


**21.** 주장(bar)에서 쓰이는 Guest history card의 용도로 맞는 것은?

① 고객 서비스용

② 카드 대금용

③ 외상 기입용

④ 판매 품목용


**22.** The bar _______________ at 7 o' clock.

① opens  ② opened

③ is opening  ④ has opened


**23.** 생맥주(Draft Beer)에 대한 설명 중 틀린 것은?

① 병맥주보다 단가가 낮다.

② 보관 온도는 20℃ 이상을 유지한다.

③ FIFO(First-in, First-out)의 원칙이 잘 이루어져야한다.

④ 저온 살균처리를 안 한 맥주를 말한다.


정 답　　18. ④　19. ①　20. ①　21. ①　22. ①　23. ②

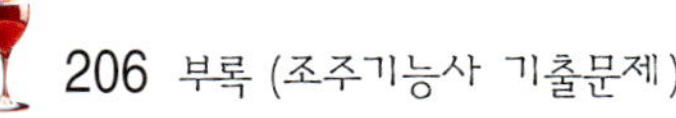

**24.** 맥주 위의 거품 작용에 대해서 틀린 것은?
① 맥주의 신선도를 유지시킨다.
② 산화작용을 막는다.
③ 탄산이 날아가는 것을 막는다.
④ 맥주의 양이 줄어든다.

**25.** 아이리시 커피에 들어가는 재료가 아닌 것은?
① Hot black coffee      ② Coffee powder
③ Sugar                 ④ Irish Whiskey

**26.** 맨해튼(Manhattan)에 사용되는 고명(garnish)은?
① lemon                 ② orange
③ cherry                ④ onion

**27.** American Whiskey 86 proof는 몇 도를 말하는가?
① 23도                  ② 33도
③ 43도                  ④ 46도

**28.** Stinger Cocktail의 재료로 쓰이는 것은?
① Cremede cacao         ② Gin
③ Brandy                ④ Whisky

○ 스팅어 칵테일은 Brandy base cocktail이다.

**29.** 스위트 화이트 와인(Sweet White Wine)의 제공온도로 알맞은 것은?
① 1~4℃                 ② 5~7℃
③ 7~10℃                ④ 18℃ (실온)

**30.** 레드 와인(Red Wine) 저장 온도로 알맞은 것은?
① 5도 내외              ② 10~13도
③ 18도(실온)           ④ 20도 이상

○ 와인 보관은 12도 정도의 서늘한 곳에 보관한다.

정 답    24. ④    25. ②    26. ③    27. ③    28. ③    29. ③    30. ③

**31.** 생선류의 음식을 먹을 때 같이 마시기에 적당한 와인은?

① Red Wine　　　　② White Wine

③ Port Wine　　　　④ Brandy

**32.** 식후에 마시는 와인으로 적당한 것은?

① Vermouth　　　　② Sherry

③ Port Wine　　　　④ Campari

**33.** 테킬라를 만드는데 쓰이는 원료는?

① 용설란　　　　② 밀

③ 보리　　　　④ 옥수수

**34.** 꼬냑은 무엇을 원료로 하는가?

① 포도　　　　② 옥수수

③ 감자　　　　④ 보리

**35.** 숙성시키지 않고 바로 출고, 판매 할 수 있는 제품은?

① 브랜디　　　　② 위스키

③ 진　　　　④ 럼

**36.** 브랜디 숙성 표시로 틀린 것은?

① V = Very　　　　② S = Special

③ P = Pale　　　　④ X = Extra

**37.** 다음 중 스카치 위스키가 아닌 것은?

① Ballantine's

② Cutty Sark

③ Black & White

④ Jameson

○ Jameson(제임슨)은 아이리시 위스키이다.

정 답　　31. ②　32. ③　33. ①　34. ①　35. ③　36. ②　37. ④

**38.** 바텐더가 하는 일을 바르게 설명한 것은?
① 직원들의 업무 스케줄 조절 및 인사 관리를 한다.
② 술의 저장 및 창고를 관리한다.
③ 손님에게 술을 조주 및 판매하는 일을 한다.
④ 손님에게 가장 적합한 와인을 추천해 드린다.

**39.** 바텐더가 해서는  안 되는 사항은?
① 근무중에는 머리를 만지지 않는다.
② 자주 오는 단골손님에게는 빈 병을 줘도 된다.
③ 손님이 원하는 경우 추가요금을 받고 다른 칵테일을 만
  들 수 있다.
④ 근무 중에는 계속 서서 근무한다.

**40.** 칵테일 레시피를 보고 알 수 없는 것은?
① 칵테일의 색깔            ② 양
③ 도수                    ④ 판매량

**41.** 다음 중 주류(술)가 꼭 필요한 파티는?
① Dance Party
② Garden Party
③ Cocktail Party
④ Dinner Party

**1.** 다음 중 Tequila의 종류 중 틀린 것은?

① Tequila Blanco

② Tequila Reposado

③ Tequila Rose

④ Tequila Anejo

**2.** 4~7℃에 제공되는 음료가 아닌 것은?

① Red wine      ② Champagne

③ White wine      ④ Hock wine

**3.** A: Would you ＿＿＿＿＿＿ a drink?

B: I have a dry Martini on the rocks, please.

① care to      ② care for

③ care of      ④ card

○ care for ＋ 명사
: ～을 좋아하다,
바라다, 원하다 ；
care to ＋ 동사

**4.** 제공하는 잔에 직접 2가지 종류의 베이스를 섞어서 만드는 칵테일 조주방법은?

① shaker      ② strainer

③ no mixing      ④ nutmeg

○ 정확한 질문의 답
은 build이다. 보기
들이 적절치 않다.

**5.** 스니프터(snifter)에 제공되는 술은 다음 중 어느 것인가?

① 소프트 드링크

② 칵테일

③ 와인

④ 아르마냑(Armagnac) 종류

○ 브랜디는 프랑스
Cognac지방과
Armagnac지방이
유명하다.

**정 답**    1. ③   2. ①   3. ②   4. ③   5. ④

**6.** 버번 위스키(Bourbon whiskey) 100 proof는 우리 나라 주정 도수로 몇 도를 말하는가?

① 25도  ② 50도
③ 75도  ④ 100도

**7.** 1 dash는 몇 드롭(drop)인가?

① 1∼3  ② 4∼5
③ 5∼6  ④ 7∼9

**8.** The post office is __________ hotel.

① closed  ② closed by
③ close to  ④ close for

> ○ close to + 명사
> : ∼에 가까운, 접근한

**9.** claret이란 무엇인가?

① 스페인산 백포도주  ② 포르투갈산 강화와인
③ 프랑스산 보르도 와인  ④ 이탈리아산 적포도주

**10.** 끼안띠(Chianti)는 어느 나라 술인가?

① 프랑스  ② 영국
③ 이탈리아  ④ 독일

**11.** 보관창고에 있는 par stock 상태를 보고 알 수 없는 것은?

① 각 물품의 회전율  ② 고객의 취향
③ 일일 소비량  ④ 고회전 품목

**12.** Devil's 칵테일의 Base는 무엇인가?

① rum  ② gin
③ whisky  ④ wine

정 답   6. ②   7. ③   8. ③   9. ③   10. ③   11. ②   12. ④

**13.** 과일의 즙을 낼 때 사용하는 기구는?

① Muddler  ② Squeezer

③ Strainer  ④ Decanter

**14.** 혼성주를 만드는 방법 중 향유혼합법은 다음 중 어느 것인가?

① Infusion  ② Distilled

③ Alcholate  ④ Essence

**15.** 700㎖ 드라이 진(Dry Gin)으로 진토닉을 몇 잔 만들 수 있나?

① 13  ② 15

③ 23  ④ 30

**16.** Martini를 만드는데 필요하지 않은 것은?

① Gin  ② Vermouth

③ Olive  ④ Cherry

**17.** 다음 중 스카치 위스키가 아닌 것은?

① Cutty Sark

② Ballantine's

③ VAT 69

④ Old Taylor

**18.** 글라스를 취급, 보관하는 방법으로 틀린 것은?

① 충격을 피하여야 한다.

② 습기찬 곳을 피하여야 한다.

③ 연기나 가스를 피하여야 한다.

④ 차가운 곳에 보관해야 한다.

○ 증류법(distilled proc-ess), 침출법(infusion process ; ), 향유혼합법(essence process)

○ 1oz로 계산하면 23잔, 1.5 oz로 계산하면 15잔이다. 조주기능사 시험의 베이스는 1 oz로 계산한다. 논란이 있는 문제이다.

○ Old Taylor는 버번 위스키이다.

**19.** 칵테일 중 angostura bitters가 1 dash의 부재료로 혼합되는 칵테일은?

① Daquiri      ② Grasshopper

③ Pink lady      ④ Manhattan

**20.** 다음 중 코디얼(cordial)이 아닌 것은?

① Cointreau      ② Benedictine

③ Kahlua      ④ Gin

**21.** 꿀이 함유된 술은 다음 중 어느 것인가?

① Kirsch wasser      ② Galliano

③ Creme de menthe      ④ Drambuie

**22.** Calvados는 다음 중 어떤 종류의 술인가?

① 와인      ② 브랜디

③ 위스키      ④ 샴페인

**23.** 맥아 건조시 피트탄을 사용하여 만든 위스키는 어느 것인가?

① 아이리시 위스키

② 스카치 위스키

③ 버번 위스키

④ 캐나디언 위스키

**24.** Jigger는 어디에 사용하는 도구인가?

① 임시마개

② Cream을 담는 용기

③ 측량도구

④ 과일류의 즙을 짜기 위한 도구

**25.** 큐브드 아이스(Cubed Ice)를 사용하는 방법 중 틀린 것은?

① 아이스 통(Ice tong)이나 아이스 스쿱(Ice scoop)으로 얼음을 옮긴다.

② 아이스 통이 없을 때에는 컵으로 옮긴다.

③ 깨끗한 물에 얼음을 씻은 뒤 사용한다.

④ 얼음물 제공시 사용할 수 있다.

**26.** 연회비 또는 회원제로 운영하는 바(Bar)형태는?

① Sky Lounge Bar      ② Lobby Lounge Bar

③ Membership Club Bar      ④ Restaurant Bar

**27.** 대(對)고객 접객원으로서 가져야 할 서비스 자세가 아닌것은?

① 빠르고 신속한 서비스

② 상품 지식의 충분한 이해

③ 깔끔한 외모 단장

④ 충분한 재고(在庫) 비축량

**28.** 생맥주를 담는 용기(Keg)를 보관하는 방법으로 옳지 않은 것은?

① 10~13℃로 보관한다.

② 연결 호스 관리 및 위생 상태를 깨끗이 한다.

③ Meg잔은 기름기가 남아있지 않도록 깨끗이 세척한다.

④ FIFO 원칙에 따라 관리한다.

**29.** 정찬 서비스시 애피타이저로 제공하는데 적당한 음료는?

① Cream Sherry      ② Red Wine

③ Dry Sherry      ④ Port Wine

정 답      25. ②   26. ③   27. ④   28. ③   29. ③

**30.** 식사 후(After cocktail) 마시기에 적당한 것은?

① 진을 주재(主材)로 한 칵테일

② 위스키를 주재로 한 칵테일

③ 브랜디를 주재로 한 칵테일

④ 와인을 주재로 한 칵테일

**31.** 다음 중 발포성 와인이 아닌 것은?

① Sparkling Burgundy　　② Cold Duck

③ Dry Sherry　　④ Champagne

**32.** 칵테일 제조법 중 Mixing glass를 사용할 때 필요한 기물은?

① Coaster　　② Pourer

③ Bar spoon　　④ Wine glass

**33.** 스트레이트 글라스의 용량으로 알맞은 것은?

① 1~2 oz　　② 3~4 oz

③ 5~6 oz　　④ 8~10 oz

**34.** 해당 부서에서 물품구매 청구서 작성시 필요치 않은 항목은 다음 중 어느 것인가?

① 제품의 질적 수준

② 제품 규격 및 크기

③ 제품 수량 및 무게

④ 거래처 및 상호명

**35.** 바카디 칵테일을 스트레이트 업(straight up) 상태로 제공할 때 칵테일의 온도는?

① 3도　　② 6도

③ 9도　　④ 12도

○ 글라스에 얼음을 넣지 않고 제공하는 상태를 straight up이라고 말한다.

**36.** What is sommelier?

① Bartender

② Wine Steward

③ Pub Owner

④ Waiter

**37.** 다음 중 브랜드의 숙성연도와 등급의 관계가 옳지 않은 것은?

① V.S.O.P. : 10~15년

② Napoleon : 15~24년

③ X.O. : 19~23년

④ Extra : 50년 이상

**38.** 꼬냑은 어떤 원료로 만드는가?

① 사탕수수　　　　② 포도

③ 보리　　　　　　④ 밀

**39.** 진에 대한 설명 중 틀린 것은 어느 것인가?

① 보리, 밀, 옥수수를 발효, 증류한 술이다.

② 무색 투명한 술이다.

③ 1~2년 정도 저장, 숙성한 술이다.

④ 두송자(Juniper berry)로 향을 낸 술이다.

**40.** 다음 중 양조주인 것은?

① Brandy　　　　② Cider

③ Gin　　　　　　④ Tequila

**41.** 프레인 시럽(plain syrup)을 만드는데 필요한 것은?

① 우유　　　　　② 버터

③ 설탕　　　　　④ 크림

○ 프레인 시럽(plain syrup)을 심플 시럽(simple syrup)이라고도 한다.

**42.** 병목에 부착하여 술을 균일하게 나오게 하고, 끊임
(Cutting)을 용이하게 하는 것은?

① strainer　　　　　② stopper

③ pourer　　　　　④ blender

**43.** Soft Drink를 디켄터(decanter)에 제공할 때 올바른 것은?

① 각 음료를 종류별로 따로 담아서 나간다.

② 얼음과 음료를 채워서 나간다.

③ 술과 얼음을 혼합해서 나간다.

④ 얼음과 같이 해서 나간다.

**44.** 와인을 보관하는 창고로 적당한 곳은?

① 가능한 한 지하실에 보관한다.

② 구매, 접수가 용이한 곳에 보관한다.

③ 바(Bar)와 가까운 곳에 위치한다.

④ 주방과 가까운 곳에 위치한다.

**45.** 쉐이커를 쓰지 않는 칵테일은?

① manhattan　　　　② sidecar

③ pink lady　　　　④ singapore sling

○ 맨해튼은 스터링
(stirring)해서 만
든다.

**1.** canape란 무엇인가?

① 식사 전에 먹는 오드블

② 통조림 식품

③ 과자의 일종인 술안주

④ 칵테일의 이름

**2.** 다음의 탄산음료 중 설명이 옳지 못한 것은?

① 탄산가스가 함유된 천연광천수

② 천연과즙에 탄산가스를 함유한 것

③ 순수한 탄산가스를 함유한 것

④ 음료수에 천연감미료를 탄 것

**3.** Snifter에는 일반적으로 어떤 음료를 제공하는 것이 좋은가?

① Soft Drink

② Cocktail Drink

③ Mixed Drink

④ Armagnac 종류

**4.** 리큐르(Liqueur)는 식사 중 어느 코스에 제공하는가?

① 애피타이저(Appetizer)  ② 생선(Fish)

③ 스테이크(Steak)  ④ 디저트(Dessert)

**5.** 다음 중 북구라파 지역의 증류주로 유명한 것은?

① Vodka  ② Tequila

③ Aquavit  ④ Sherry

**정 답**　　1. ①　2. ④　3. ④　4. ④　5. ③

**6.** 살균되어 저장 가능한 맥주를 어떻게 표시하는가?

① Draught Beer　　　② Unpasteurized Beer
③ Draft Beer　　　　④ Lager Beer

**7.** 일반적으로 Brandy의 숙성기간이 가장 오래된 표시는?

① V.V.O　　　　　② V.S.O
③ V.S.O.P　　　　④ X.O

**8.** 다음 중 증류주가 아닌 것은?

① 위스키(Whisky)　　② 진(Gin)
③ 보드카(Vodka)　　　④ 쿰멜(Kummel)

● ① 은 Canadian Whisky이다.

**9.** 다음 중 스카치 위스키가 아닌 것은?

① Seagram V.O　　　② White Horse
③ Johnnie Walker　　④ V.A.T 69

**10.** 프랑스에서 생산되는 칼바도스(Calvados)는 어느 종류에 속하는가?

① 브랜디　　　　　② 진
③ 와인　　　　　　④ 위스키

**11.** 다음 중 혼성주에 해당하는 것은?

① 알마냑(Armagnac)　　② 콘 위스키(Corn Whisky)
③ 코인트루(Cointreau)　④ 자메이칸 럼(Jamaican Rum)

● ① 은 Apple Brandy이다.

**12.** Sparkling Wine의 감도 중 맞지 않는 것은?

① Brut 1/2~1%　　　② Demi Sec 7~8%
③ Doux 8~10%　　　④ Sec 2~4%

● Brut-Extra Sec-Sec-Demi Sec-Doux (오른쪽으로 갈수록 sweet 하다.

정 답　　　6. ④　7. ④　8. ④　9. ①　10. ①　11. ③　12. ②

**13.** 특별히 잘된 해의 포도로 만든 와인은 그 연호를 상표 라
벨에 표시한다. 그 명칭은?

① 에이지드 와인(Aged Wine)

② 클라렛(Claret)

③ 빈티지 와인(Vintage Wine)

④ 드라이 와인(Dry Wine)

**14.** 샴페인에 관한 설명 중 틀린 것은?

① 샴페인은 발포성 와인(Sparkling Wine)의 일종이다.

② 샴페인 원료는 적포도인 피노 누아르, 피노 뫼니에, 청
포도인 샤르도네 세 가지를 섞어서 만든다.

③ 17세기 말경 동 페리뇽(Dom Perignon)에 의해 만들어
졌다.

④ 샴페인 산지인 상파뉴(Champagne) 지방은 이탈리아 북
부에 위치해 있다.

**15.** 다음 중 서로 관련 사항이 없는 것은?

① Sugar cane - Perry

② Agave - Tequila

③ Grape - Wine

④ Apple - Cider

**16.** 리큐르(Liqueur)병에 D.O.M이라고 쓰여 있다. 이 말의 원문
과 그 뜻은?

① 리큐어 중의 리큐어라는 말이다.

② 라틴어로서 베네딕틴 술을 말하며, 최선, 최대의 신에게
이 술을 드린다는 뜻이다.

③ 베네딕틴의 최상품을 설명하는 말이다.

④ 이탈리아산 약술로서 최상품을 뜻한다.

**17.** 양주에 표시된 도수 중 미국식 도수 표시(Americanproof) 86도는 우리 나라식 도수 표시토는 몇 도인가?

① 43도
② 86도
③ 172도
④ 7.9도

**18.** 양주에서 술이 독한 맛을 표시하는 말이 아닌 것은?

① Strong
② Dry
③ Hard
④ Straight

**19.** 다음 중 보편적인 칵테일 파티 때 안주로 가장 많이 제공되는 것은?

① peanut
② salad
③ olive
④ canape

**20.** 다음 중 칵테일에 사용되는 시럽과 가장 거리가 먼 것은?

① Ginger syrup
② Plain syrup
③ Grenadine syrup
④ Raspberry syrup

**21.** 얼음덩이와 함께 세게 쉐이크해서 마실 수 있는 리큐르(Liqueur)는 어느 것인가?

① Absinthe
② Cr me de cacao
③ Apricot Brandy
④ Chartreuse

**22.** 러시안(Russian) 칵테일의 재료로 부적합한 것은?

① 보드카
② 드라이 진
③ 올드 탐 진
④ 크렘 드 카카오

**23.** 다음 중 장식으로 양파(Cocktail onion)가 필요한 것은?

① 마티니(Martini)
② 깁슨(Gibson)
③ 좀비(Zombie)
④ 다이커리(Daiquiri)

○ 답은 ④번이고, 여기서 말하는 양주(洋酒)란 서양식 술로 위스키뿐만이 아니라 와인도 포함된 의미이다.

**24.** 다음 중 쉐이커(Shaker)와 관계가 없는 것은?

① 스퀴저(squeezer)  ② 캡(cap)

③ 스트레이너(strainer)  ④ 바디(body)

**25.** 양주 칵테일에서 롱 드링크(Long drinks)는 다음 중 어느 글라스에 담는 것이 가장 적당한가?

① Sherry Glass  ② Highball Glass

③ Cocktail Glass  ④ Champagne Glass

**26.** 1 quart는 몇 ml에 해당되는가?

① 약 60ml  ② 약 240ml

③ 약 760ml  ④ 약 950ml

**27.** 칵테일(Cocktail)의 도량 용어와 관계 있는 단어는?

① 드라이(Dry)  ② 드랍(Drop)

③ 쉐이커(Shaker)  ④ 프로트(Float)

**28.** Sloe Gin의 설명 중 옳은 것은?

① 리큐르의 일종이며 Gin의 한 종류이다.

② 오얏나무 열매 성분을 Gin에 첨가한 것이다.

③ Vodka에 그레나딘 시럽을 첨가한 것이다.

④ 아주 천천히 분위기 있게 마시는 칵테일이다.

**29.** 다음 중 칵테일이 아닌 것은?

① 마티니  ② 핑크 레이디

③ 진 스트레이트  ④ 카카오 피즈

**30.** 뜨거운 칵테일은 어떤 것인가?

① 아이리시 커피  ② 싱가포르 슬링

③ 핑크 레이디  ④ 피나 콜라다

**31.** Flip과 관계가 없는 것은?
① 증류주　　　　　　　② 계란 흰자
③ 설탕　　　　　　　　④ 향료



**32.** 연회용 메뉴 계획시 애피타이저 코스에 술을 권하려고 한다. 다음 중 가장 좋은 것은?
① 코디얼(Cordial)
② 포트 와인(Port Wine)
③ 드라이 셰리(Dry Sherry)
④ 크림 셰리(Cream Sherry)

**33.** 과일 메뉴와 같이 제공하기에 적합하지 않은 것은?
① Sweet Wine　　　　② Port Wine
③ Sherry　　　　　　④ Sparking Wine

**34.** 칼바도스(Calvados)는 보관온도상 다음 품목 중 어떤 것과 같이 두어도 좋은가?
① 백포도주　　　　　　② 샴페인
③ 생맥주　　　　　　　④ 꼬냑

**35.** 접객원들은 식사를 서브하기 즌에 와인을 권유, 주문 받도록 교육을 받는다. 그 이유는?
① 음료 가운데 원가(cost)가 가장 낮다.
② 저장 관리에 가장 용이한 상품이다.
③ 식사와 와인은 밀접한 관계가 있다.
④ 식사하는데 멋을 내기 위한 수단이기 때문이다.

**36.** 조주원의 직무에 관한 설명 중 틀린 것은?
① 주문에 의하여 신속 정확하게 조주, 제공한다.
② 칵테일은 수시로 자기 아이디어에 따라 조주한다.
③ 글라스류와 바기물을 세척, 청결상태를 유지한다.
④ 영업 시작 시간 전에 그 날의 소요품을 수령한다.

정 답　　31. ②　32. ③　33. ③　34. ④　35. ③　36. ②

**37.** 와인 저장소(wine storage area cellar)의 최적 온도는?

① 3℃(38℉)

② 7℃(45℉)

③ 12℃(55℉)

④ 24℃(75℉)

**38.** 양조주 취급방법 중 부적당한 것은?

① 와인(wine)은 수평으로 눕혀서 코르크 마개가 젖어 있도록 저장한다.

② 맥주(Lager beer)는 출고 후 약 3개월 정도는 실내온도에서 저장할 수 있다.

③ 화이트 와인은 2~3일 전에 냉장고에 저장하여 충분히 냉각시킨후 판매한다.

④ 선입 선출 방식에 의해 저장 관리한다.

**39.** 올드 패션드 글라스(Old fashioned glass)나 온 더 락스글라스(On the rocks)의 용량은?

① 1~2온스  ② 3~4온스

③ 4~6온스  ④ 6~8온스

**40.** 일반적으로 양조주의 최대 알코올 생성량은?

① 5% 이하  ② 20% 정도

③ 50% 정도  ④ 60% 이상

**41.** 해피아워(Happy Hour)란?

① 행복한 시간

② 음료판매에 있어 정기판매액이 줄어들 때의 저녁시간

③ 바에 초저녁 시간대에 음료판매를 활성화하기 위한 가격할인 판매시간

④ 바(bar)에서의 한가한 시간에서 종업원이 즐거워할 때

정답  37. ③  38. ③  39. ④  40. ②  41. ③

**42.** 파 스톡(par stock)이란?

① 일일적정 요구량

② 일일적정 사용량

③ 일일적정 재고량

④ 일일적정 보급량

**43.** 음료메뉴(Beverage list) 설정방법 중 적당치 못한 것은?

① 경영 정책을 음료에 포함시킨다.

② 내용이 충실하며 고가로 판매할 수 있어야 한다.

③ 계절감을 채택하여야 한다.

④ 이미지(Image) 개선을 위해 특별 칵테일을 고안 판매
  한다.

◦ 답은 ②번이다. 하지만 고급 서비스를 통한 고가 전략 추구도 하나의 운영방법 중 하나로 꼭 틀렸다고 말할 수는 없다.

**44.** 불특정 다수에게 선전하는 방법 중 틀린 것은?

① 신문광고(News Paper, Adv)

② 싸인 보드(Sign board)

③ 다이렉트 메일(Direct mail)

④ 빌 보드(Bill board)

**45.** 누출(漏出)을 방지하기 위한 관리방안은?

① 일드 테스트(Yield test) 실시

② 빈 카드(Bin card) 사용

③ 스팟 첵(Spot check) 실시

④ 레시피(Recipe) 사용준수

◦ 스팟 첵(Spot check) - 정기 점검이 아닌 불시 점검으로 회계나 관리, 감사 등에 사용하는 용어이다.

**46.** 위스키(Whisky)나 버무스(Vermouth) 등을 언 더 락스(On
  the rocks)로 제공할 때 준비하는 글라스는?

① Highball Glass        ② Old Fashioned Glass

③ Cocktail Glass        ④ Liquer Glass

정 답    42. ③   43. ②   44. ③   45. ③   46. ②

**47.** 칵테일 부재료는 어떻게 보관하는가?

① Open한 부재료는 냉장고에 보관한다.

② 쓰다 남은 부재료를 상온에 보관한다.

③ 모든 부재료는 냉동고에 보관한다.

④ 햇볕이 많이 들어오는 곳에 보관한다.

**48.** 위생적인 주류 취급 중 맞지 않은 것은?

① 먼지가 많은 양주는 깨끗이 닦아 Setting한다.

② 와인은 세워서 보관하고 먼지는 항상 깨끗이 닦아준다.

③ 사용한 주류는 항상 뚜껑을 닫아 둔다.

④ 창고에 보관할 때는 Bin Card를 작성한다.

**49.** 믹싱 글라스(Mixing Glass)의 설명 중 옳은 것은?

① 칵테일 조주시 음료 혼합물을 섞을 수 있는 기물이다.

② 쉐이커(Shaker)의 또 다른 명칭이다.

③ 칵테일 음료 서비스에 사용되는 유리잔의 총칭이다.

④ 칵테일에 혼합되는 과일이나 약초를 매싱하기 위한 기물
이다.

**50.** 주장 내에서 필요한 기구류가 아닌 것은?

① Strainer(스트레이너)

② Ice Pick(아이스 픽)

③ Pouring Lip(포어링 립)

④ Cocktail Napkin(칵테일 넵킨)

○ 기구류라는 말에 유의할 것.

**51.** In speaking of fruit, the opposite of "green" is _________

① red

② juicy

③ ripe

④ sour

○ ripe - 익은, 성숙한

**52.** If the guest wants white wine with his steak, ___________ him have it.
① allow
② let
③ leave
④ make

**53.** Select one of the dessert wine in the following.
① Rose Wine
② Red Wine
③ White Wine
④ Sweet White Wine

**54.** 다음 밑줄 친 곳에 적당한 단어는?

___________ all ingredients with half a cup of crushed ice into a blender.
① Doing          ② Put
③ Keeps          ④ Makes

○ ingredient – 성분, 재료, 원료

**55.** 다음 영문에서 나타내는 것은?

The cold, sweet, non-alcoholic crink which is often charged with gas.
① distilled liquor          ② sodium chloride
③ hard drink               ④ soft drink

○ sodium chloride – 염화나트륨

**56.** 다음 밑줄 친 곳에 알맞은 단어는?

A table ___________ three, sir?

Please, come this way.
① on          ② to          ③ for          ④ at

**57.** 다음 밑줄 친 곳에 알맞은 단어는?

Please ___________ yourself to the coffee before it gets cold.

① drink           ② help

③ like            ④ does

**58.** _________에 들어갈 알맞은 것은?

"What is an air conditioner?"

"An air conditioner is ___________ controls the temperature in a room."

① that           ② what

③ which          ④ something

**59.** "I'm sorry, but Tom Collins is not ________the wine list." 라는 다음 문장에서 밑줄 친 곳에 알맞은 것을 고르시오.

① on            ② of

③ for            ④ against

**60.** 다음 문장내용으로 보아 밑줄 친 동사형을 바르게 변형시킨 보기는 어느 것인가?

Ten years pass since I came here.

① pass          ② passed

③ has passed    ④ have passed

○ help oneself to A<br>  - A를 마음대로 집어먹다(마시다)

**정 답**    57. ②  58. ②  59. ①  60. ④

# 제 5 회  조주기능사 기출문제

**1.** 브랜디 글라스의 입구가 좁은 이유는?

① 브랜디의 향미를 한 곳에 모이게 하기 위하여

② 술의 출렁임을 방지하기 위하여

③ 아름다운 술을 마시기 위한 글라스의 데코레이션

④ 양손에 쥐기에 관리하도록 하기 위해

**2.** 생맥주(Draft Beer) 취급요령 중 잘못된 설명은?

① 2~3℃의 온도를 유지할 수 있는 저장시설을 갖추어야 한다.

② 술통 속의 압력은 12~14 pound로 일정하게 유지해야 한다.

③ 신선도를 유지하기 위해 입고 순서와 관계없이 좋은 상태의 것을 먼저 사용한다.

④ 재고순환(Stock Rotation)을 철저히 실행해야 한다.

**3.** This is our first visit to Korea and before we (　　) our dinner, we want to (　　) some domestic drinks here.

① have, try

② having, trying

③ serve, served

④ serving, be served

**4.** 칵테일 파티를 준비하는 요소로서 적합하지 못한 사항은?

① 초대 인원 파악

② 개최일시와 장소

③ 파티의 매너(manner)

④ 메뉴의 결정

**정 답**　　1. ①　2. ③　3. ①　4. ③

5. Bar 업무능률 향상을 위한 시설물 설치 방법 중 옳지 않는
   것은?
   ① 칵테일 얼음은 Bar 작업대 옆에 보관한다.
   ② Bar의 수도시설은 믹싱 스테이션(Mixing Station) 바로
      후면에 설치한다.
   ③ 냉각기(Cooling Cabinet)는 주방에 설치한다.
   ④ 얼음제빙기는 가능한 Bar 내에 설치한다.

6. 일과 업무 시작 전에 바(Bar)에서 판매 가능한 양만큼 준
   비해 두는 각종의 재료를 무엇이라고 하는가?
   ① Bar Stock          ② Par Stock
   ③ Pre-Product        ④ Ordering Product

7. 와인을 주재(Wine base)로 한 칵테일이 아닌 것은?
   ① 키르(Kir)
   ② 블루 하와이(Blue hawaii)
   ③ 스피릿저(Spritzer)
   ④ 미모사(Mimosa)

8. 올드 패션드(old fashioned) 칵테일의 장식은?
   ① 아몬드 스터프드 올리브(Almond Stuffed Olive)
   ② 마라시노 체리(Maraschino Cherry)
   ③ 레몬 슬라이스, 오렌지 슬라이스
   ④ 체리와 오렌지 슬라이스

9. 스페인 헤레스(Jerez)지방에서 생산되는 세계적인 식전음료
   Aperitif Wine은?
   ① Dry Martini        ② Medium Dry Sherry
   ③ Dry Sherry         ④ Cream Sherry

**10.** 다음 괄호에 알맞은 말은?

"(    ) is not a gin at all but a liqueur."

① Dry gin

② Golden gin

③ Flavored gin

④ Sloe gin

**11.** 그레이트 와인(Great Wine)은 몇 년간 저장하여 숙성시킨 것인가?

① 5년 이하　　　　② 10년 이하

③ 5년~15년　　　　④ 15년 이상

**12.** 음료 주문 받는 요령을 설명한 것 중 틀린 것은?

① 상냥하게 인사한다.

② 시계 방향으로 여성을 먼저 받는다.

③ 메뉴를 보여준다.

④ 음료 주문 전에 음식 주문을 받는다.

○ 음식 주문을 받은 후 음료 주문을 받는 것으로 알고 있었는데...

**13.** Creme De Cacao로 만들 수 있는 칵테일이 아닌 것은?

① Cacao Fizz　　　　② Mai-Tai

③ Alexander　　　　④ Grasshopper

**14.** 버본 위스키(Bourbon Whisky) 80 Proof는 우리나라 주정도 수로 몇 도인가?

① 35도　　　　② 40도

③ 45도　　　　④ 50도

**15.** '생명의 물' 이라고 지칭되는 술이 아닌 것은?

① 위스키　　　　② 브랜디

③ 보드카　　　　④ 진

**정 답**　　10. ④　11. ④　12. ④　13. ②　14. ②　15. ④

**16.** 다음 중 천연 발포성 포도주는 어느 것인가?

① 쉐리(Sherry)

② 적포도주(Red wine)

③ 샴페인(Champagne)

④ 사이다(Cider)

**17.** 위스키의 종류 중 증류방법에 의한 분류는?

① 몰트 위스키(malt whisky)

② 그레인 위스키(grain whisky)

③ 블렌디드 위스키(blended whisky)

④ 페이턴트 위스키(patent whisky)

**18.** What is the best-known straight American whisky?

① Bourbon

② Rye

③ Scotch

④ Irish

**19.** 조주원(Bartender) 준수규칙 중 틀린 것은?

① 조주는 규정된 기준 양목(Recipe)에 의해 만들어야 한다.

② 비번시에는 업장 근처에 서성거려서는 안 된다.

③ 근무시간 중에는 대기상태로 항상 서서 근무한다.

④ 빈병은 고객이나 동료에게 줄 수 있다.

**20.** 식욕촉진제로 마시는 칵테일(Cocktail)로서 드라이(Dry)한 칵테일에 사용하는 고명(Garnish)은?

① Cherry

② Orange

③ Olive

④ Pineapple

**21.** What is a tumbler?

① A flat-bottomed glass without stem

② Footed ware

③ Stemware

④ Beer mug

**22.** 영업을 위한 준비작업 중 틀린 것은?

① 바 시설 및 기물작동 점검　② 일일보급 수령

③ 고명장식 준비　　　　　　④ 영업일보 작성

**23.** 문장의 내용으로 보아 (　　) 안에 동사형을 바르게 변형시킨 항은?

"He looks as if he (be) sick."

① is　　　　　　　　　② was

③ were　　　　　　　　④ has been

**24.** The post office is __________ the Hotel.

① close　　　　　　　　② closed by

③ close for　　　　　　④ close to

**25.** 하이볼 글라스(Highball Glass) 용량으로 가장 많이 사용되는 것은?

① 6온스(Ounce)　　　　② 7온스(Ounce)

③ 8온스(Ounce)　　　　④ 9온스(Ounce)

**26.** 중요한 연회시 그 행사에 관한 모든 내용이나 협조사항을 호텔 각 부서에 알리는 행사지시서를 무엇이라 부르는가?

① Event order　　　　　② Check-up list

③ Reservation sheet　　④ Banquet Memorandum

정답　　21. ①　22. ④　23. ③　24. ④　25. ③　26. ①

**27.** 바에서 사용하는 하우스 브랜드(House brand)란 무엇을 뜻하는가?

① 널리 알려진 술 종류

② 지정 주문이 아닐 때 쓰는 술 종류

③ 상품(上品)에 해당하는 술 종류

④ 조리용으로 사용하는 술 종류

**28.** 주류판매에 있어 재무와 창고관리가 양호하다면 가격결정의 이익은 다음 중 어느 것을 선택해야 하는가?

① FIFO 방법  ② LIFO 방법

③ 구매와 동시 판매방법

④ 포도주나 브랜디는 창고에 오래 저장하였다 판매할수록 좋다.

○ FIFO : First In First Out(선입선출)

**29.** 커피는 음료의 어느 부문에 속하는 음료인가?

① 알코올성 음료  ② 기호음료

③ 영양음료  ④ 청량음료

**30.** Which is the correct one as a base of Alexander in the following?

① Brandy  ② Vodka

③ Gin  ④ Whisky

**31.** 음료관리 방법 중 기계적 관리체제란?

① 사전에 결정된 잔규격에 의해 각병의 잔수를 만들어 미터기로 측정하는 방법

② 재고 및 출고에 입각하여 각종 음료의 실제 소비량을 산출하는방법

③ 판매된 주종의 유형에 의해 판매, 분석하는 방법

④ 저장중인 각병에 판매가를 책정하여 음료판매의 원가관리를 하는 방법

**32.** 문장의 내용으로 보아 (    )안어 동사형을 바르게 변형시킨 것은?

I feel like (lie) on a sofa.

① lain
② laid
③ lying
④ laying

**33.** 다음 중 포도주의 산지로 유명한 곳은?

① Pilsner
② Bordeaux
③ Staut
④ Mousseux

**34.** 머들러(Muddler) 사용 방법 중 맞는 것은?

① Garnish를 꽂아 제공한다.
② 주류 용량을 재는 막대기이다.
③ 롱 드링크(Long Drink) 서비스 및 칵테일 제공시 고객이 직접 휘젓기 할 수 있게 음료와 함께 제공한다.
④ 오렌지나 레몬 주스를 짤 때 사용하는 Squeezer이다.

**35.** 위스키 1 Fifth의 용량으로 맨해튼 칵테일 몇 인분을 만들어 낼 수 있는가?

① 1 인분
② 17 인분
③ 26 인분
④ 30 인분

○ 1 Fifth(휘프스) = 1 bottle(750ml, 25 oz), 1인분에 위스키 1.5 oz(45ml)가 필요하다.

**36.** 포도주 저장(Aging of wine)을 처음 시도한 나라는?

① 프랑스(France)
② 포르투갈(Portugal)
③ 스페인(Spain)
④ 그리스(Greece)

정 답    32. ③   33. ②   34. ③   35. ②   36. ④

**37.** 다음 중 인공감미료(人工甘味料)는?

① 그래뉼레이트 슈거(granulated sugar)

② 사카린나트리움(saccharine natrium)

③ 큐브슈거(cube sugar)

④ 파우더슈거(powder sugar)


**38.** 소프트 드링크(soft drink) 디켄터(decanter)의 올바른 사용 법은?

① 각종 청량음료(soft drink)를 별도로 담아 나간다.

② 술과 같이 혼합하여 나간다.

③ 얼음과 같이 넣어서 나간다.

④ 술과 얼음을 다같이 넣어 나간다.


**39.** 다음 중 주정도와 관련이 적은 것은?

① 오버 프루프(Over proof)

② 언더 프루프(Under proof)

③ 아메리칸 프루프(American proof)

④ ℃


**40.** 저장 중인 음료관리를 위한 표준 설정방법 중 바틀 코드넘 버 시스템(Bottle Code Number System) 용도가 아닌 것은?

① 음료관리 양식 및 절차를 대폭 표준화하기 위함이다.

② 재고 파악을 신속하고 용이하게 하기 위함이다.

③ 음료 저장실 물자 배치를 표준화하기 위함이다.

④ 양목표(Recipe) 기준을 표준화하기 위함이다.


**41.** 드래프트 비어(Draft beer)란?

① 독한 맥주

② 생맥주

③ 포터(Porter) 맥주

④ 스타우트(Stout)

**42.** 서빙글라스에 직접 2종 이상의 술을 제공하는 방법은?

① 쉐이커(shaker)

② 스트레이너(strainer)

③ 노 믹싱(no mixing)

④ 넛멕(nutmeg)

**43.** '초청해주셔서 감사합니다.' 의 올바른 표현은?

① Thank you for inviting me.

② Thank you for invitation me.

③ It was thanks that you call me.

④ Thank you that you invited me.

**44.** 다음 중 롱 드링크(Long drink)에 해당하는 것은?

① 사이드카(Sidecar)

② 스팅어(Stinger)

③ 로얄 휘즈(Royal fizz)

④ 맨해튼(Manhattan)

**45.** 물품검수시 주문내용과 차이가 발견될 때 반품하기 위하여 작성하는 서류는?

① 송장(invoice)

② 견적서(price quotation sheet)

③ 크레디트 메모(credit memo)

④ 검수보고서(receiving sheet)

**46.** 다음 중 리큐르는 어떤 것인가?

① Burgundy　　　　② Bacardi Rum

③ Cherry Brandy　　④ Canadian Club

**정 답**　　42. ③　43. ①　44. ③　45. ③　46. ③

**47.** 곡물(Grain)을 원료로 만든 무색투명한 증류주에 두송자 (Juniper berry)의 향을 착미시킨 술은?

① Tequila      ② Rum

③ Vodka      ④ Gin

**48.** at's Eye 칵테일은 어떤 종류의 Glass를 사용하면 적당한 가?

① Highball Glass      ② Cocktail Glass

③ Collins Glass      ④ Champagne Glass

**49.** 다음의 Raw whisky 설명 중 옳은 것은?

① 증류기에서 바로 나와 냉각시킨 위스키이다.

② 향나무 통에서 성숙시켜 바로 생산된 위스키이다.

③ 증류기에 넣기 전에 준비된 것이다.

④ 참나무를 그을려 만든 통에서 오래 저장된 위스키이다.

**50.** 다음 중 가장 오래 숙성된 술은 어느 것인가?

① Vodka      ② Cognac

③ Gin      ④ Bourbon whiskey

**51.** 다음 중 포도로 만들어진 브랜디(Brandy)는?

① Silvowitz

② Mirabelle

③ Hennessy X.O.

④ Calvados

**52.** 적색 포도주(Red Wine)병의 바닥이 요철로 된 이유는?

① 보기 좋게 하려고

② 안전하게 세우기 위해

③ 용량표시를 높게 하기 위하여

④ 찌꺼기가 이동하는 것을 방지하기 위하여

**53.** 표준 조주법(standard recipes)을 설정하는 목적에 대한 설명 중 틀린 것은?

① 품질과 맛의 계속적인 유지
② 원가계산을 위한 기초 제공
③ 표준 조주법 이용은 노무비 절감에 기여
④ 특정인에 대한 의존도를 높임

**54.** Scotch Whisky의 주원료는?

① 보리의 맥아　　　　② 호밀
③ 감자　　　　　　　④ 옥수수

**55.** 다음의 Gin에 혼합하는 탄산음료 중 가장 많이 사용되는 것은?

① Cola　　　　　　② Collins Mix
③ Fanta Grape　　　④ Cider

○ 토닉워터(Tonic Water)도 잘 쓰인다.

**56.** "It is up to you." means?

① It is difficult for you.　② You must decide.
③ You look confused.　　④ It is just in front of you.

**57.** 다음 중 칵테일에 넣는 향신료와 거리가 먼 것은?

① 시나몬(cinnamon)　② 넛멕(nutmeg)
③ 민트(mint)　　　　④ 크림(cream)

○ 대표적인 향신료로는 클로브(Clove), 시나몬(Cinnamon), 넛멕(Nutmeg) 등이 있다.

**58.** 샴페인 제조시 당분의 첨가량 표시를 설명한 것 중 틀린 것은?

① 두(Doux) : 12% 이상
② 드미 섹(Demi Sec) : 9~10%
③ 섹(Sec) : 8%
④ 엑스트라 섹(Extra Sec) : 1~2%

○ Brut(브뤼) : 1% 미만
Extra Sec(엑스트라 섹) : 1~2%
Sec(섹) : 2~4%
Demi Sec(드미 섹) : 4~6%
Doux(두) : 8~10%

**59.** 와인 스튜어드(wine steward)의 주된 임무는?

① 와인 구매

② 와인 저장

③ 와인 판매

④ 와인 검수

**60.** 레드 와인을 서브할 때의 가장 적정한 온도는?

① 5～10℃

② 12～15℃

③ 17～19℃

④ 20～25℃

# 2002 조주기능사 기출문제(제1회)

**1.** 쿼트(Quart)는 몇 온스인가 ?
① 64 oz
② 50 oz
③ 38 oz
④ 32 oz

**2.** 알코올 음료 판매시 가장 중요하게 감안되어야 할 사항은 ?
① 고객의 기호
② 재료의 선택
③ 고객의 건강과 업소의 수익
④ 고객의 기호와 업소의 수익

**3.** 저장관리 방법 중 FIFO란 ?
① 임의불출(任意拂出)
② 매입순출(買入順出)
③ 가격순출(價格順出)
④ 선입선출(先入先出)

**4.** 다음의 항목 중 Liqueur 종류라고 볼수 없는 것은 ?
① Creme de Cacao
② Curacao
③ Lord Calvert
④ Kummel

**5.** 설탕, 계란 등을 이용하는 칵테일에 필요한 기구는 ?
① Mixing Glass
② Strainer
③ Squeezer
④ Shaker

**6.** 다음 사항 중에서 칵테일 파티에서 롱드링크(Long drink)로 제공되는 음료는 ?
① Manhattan
② Whisky Highball
③ Martini
④ Bacardi Cocktail

정 답　　1. ④　2. ④　3. ①　4. ②　5. ①　6. ②

**7.** 맨해턴(Manhattan) 칵테일의 기주(Base liqueur)는?

① 버번 위스키

② 스위트 버머스

③ 앙고스트라 비터

④ 스터프드 올리브


**8.** 다음에서 장식이 필요 없는 칵테일은 ?

① 김렛           ② 맨해턴

③ 올드펫션       ④ 싱가폴슬링


**9.** '주문 하시겠어요 ?' 의 가장 적당한 영어 표현은 ?

① Have you been served ?

② Are you being served ?

③ May I take your order ?

④ Are you being waited upon ?


**10.** 1 pony는 몇 ounce인가 ?

① 1ounce         ② 11/2 ounces

③ 2 ounces       ④ 3 ounces


**11.** 식전주(Aperitifs)로 권할 만한 것이 못되는 것은 ?

① 맨하탄         ② 쉐리

③ 포트와인       ④ 드라이 마티니


**12.** _______________________에 들어갈 알맞은 것은 ?

John studies very hard _______________________ he will pass the examination.

① so            ② so that

③ for           ④ therefore

**정 답**    7. ①    8. ③    9 ①    10. ④    11. ②    12. ②

**13.** 다음 중 Decanter 와 관계 있는 것은 ?

① Red Wine

② White Wine

③ Champagne

④ Sherry Wine

**14.** 살구의 냄새가 나는 달콤한 증류주는 어느 것인가 ?

① Apricot Brandy  ② Anisette

③ Cherry Brandy  ④ Amer

**15.** Flamingo 칵테일의 주재료는 ?

① Scotch Whisky  ② Rum

③ Dry Vermouth  ④ Gin

**16.** 바텐더가 Bar에서 Glass를 사용할 때 가장 먼저 체크하여야 할 사항은 ?

① Glass의 가장자리 파손 여부

② Glass의 청결여부

③ Glass의 재고 여부

④ Glass의 온도 여부

**17.** 진(Gin)을 기주(Base)로 한 칵테일이 아닌 것은 ?

① Martini  ② Bronx

③ Pink Lady  ④ Screw Driver

**18.** The covering or skin of any fruit is generally referred to as the ( ).

① heart  ② top

③ leaf  ④ peel

정 답   13. ③   14. ③   15. ①   16. ②   17. ②   18. ①

**19.** 다음의 탄산음료 중 설명이 옳지 못한 것은 ?

① 탄산가스가 함유된 천연광천수

② 천연과즙에 탄산가스를 함유한 것

③ 순수한 탄산가스를 함유한 것

④ 음료수에 천연감미료를 탄 것


**20.** 표준산출(standard yields)설정은 어떤 관리목적에 기여 하는가 ?

① 생산고(生産高)

② 판매고(販賣高)

③ 구매가(購買價)

④ 저장가(貯藏價)


**21.** 맥주(Beer)를 서비스 하는 방법 중 옳지 않는 것은 ?

① 맥주병을 굴리거나 뒤집지 말아야 한다.

② 맥주를 따를 때는 Glass와 병과의 간격은 2~3cm가 적당하다.

③ 맥주는 흔들어서 따라야 제맛이 난다.

④ 맥주를 따를 때는 Glass를 기울이지 말아야 한다.


**22.** 다음 중 스카치 위스키는 어느 것인가 ?

① Canadian Club

② Ballantine

③ Seagram V.O

④ Old Crown


**23.** 캐터링 지배인(Catering Manager)의 임무는 ?

① 호텔내 혹은 외부의 행사나 연회 업무를 주관한다.

② 바(Bar) 접객원의 업무를 지휘, 감독한다.

③ 조주원(Bartender)의 업무를 지휘, 감독한다.

④ 바(Bar) 근무자의 직무교육을 주관한다.


**정 답**   19. ④   20. ①   21. ③   22. ④   23. ④

**24.** 포도주를 저장할 때 주의할 사항은 ?

① 찌꺼기 제거를 위해 거꾸로 보관한다.

② 적포도주는 백포도주보다 차갑게 보관한다.

③ 포도주는 종류에 관계없이 늘 냉장 보관한다.

④ 코르크 마개가 마르지 않도록 눕혀서 보관한다.

**25.** 싱글(single)이라 하면 술 30㎖ 분의 양을 기준으로 한다. 그러면 2배인 60㎖의 분량을 의미하는 것은 ?

① 핑거(finger)　　　　　② 대시(dash)

③ 드랍(drop)　　　　　④ 더블(double)

**26.** 술 제조과정 분류방법으로 맞는 것은 ?

① 양조주, 혼성주, 증류주

② 양조주, 증류주, 과실주

③ 증류주, 발효주, 양조주

④ 혼합주, 증류주, 양조주

**27.** 다음 중 틀린 곳이 있는 문장은 ?

① He skates well. - He is a good skater.

② He works hard. - He is a hard worker.

③ He cooks well. - He is a good cooker.

④ He drives carefully. - He is a careful driver

**28.** 저장소(store room)에서 쓰이는 빈카드(bin card)의 용도는 ?

① 품목별 불출입 재고 기록

② 품목별 상품특성 및 용도기록

③ 품목별 수입가와 판매가 기록

④ 품목별 생산지와 빈테이지 기록

정 답　　24. ①　25. ①　26. ③　27. ④　28. ①

**29.** 멕시코의 토속주를 무엇이라고 부르고 있는가 ?

① Old Tom                    ② Tequila

③ Kummel                     ④ Vodka


**30.** 불특정 다중에게 선전하는 방법 중 틀린 것은 ?

① 신문광고(News Paper, Adv)

② 싸인 보드(Sign board)

③ 디렉트 메일(Direct mail)

④ 빌보드(Bill board)


**31.** 아래와 같이 한 Table에서 4인의 주문이 들어 왔을 때
Bartender가 가장 마지막에 만들 주문 품목은 ?

① Bottle Beer

② Whisky with Soda Water

③ Salty Dog

④ Dry Martini Straight up Lemon Twist


**32.** 빈타지(Vintage)란 무엇을 뜻하는가 ?

① 포도주의 이름             ② 포도주의 양조년도

③ 포도주의 원산지명          ④ 포도의 품종


**33.** 저녁식사 연회시 칵테일 파티는 어느 때에 하는가 ?

① 식사 전에                 ② 식사 중에

③ 식사 후에                 ④ 메인코스 후에


**34.** 다음 중 주장기능으로서 맞지 않는 것은 ?

① 영리를 목적으로 하는 사회적 영업장이다.

② 일정한 장소로서의 시설을 갖춘다.

③ 인적, 물적 서비스를 상품으로 판매한다.

④ 일정한 이용객을 확보한다.


**정 답**    29. ④    30. ③    31 ③    32. ①    33. ④    34. ④

**35.** Select the cocktail based Vodka in the following.
① Acacia Cocktail
② Bloody marry Cocktail
③ Gimlet Cocktail
④ Hunter Cocktail

**36.** 혼성주에서 황금색의 감미주로서 술병에 D.O.M.이라고 쓰여져 있는 것은 ?
① 캄파리(campari)
② 앙고스트라비터(angostura bitter)
③ 베네딕틴(benedictine)
④ 아니세트(anisette)

**37.** 포말주는 어느 것인가 ?
① Champagne
② Cola
③ Cognac
④ Red wine

**38.** 다음 중 Ice Equipment 가 아닌 것은 ?
① Ice Pail
② Ice Scoop
③ Ice Tong
④ Ice Knife

**39.** 다음 문장의 내용으로 보아 ( ) 안에 동사형을 바르게 변형시킨 항은 ?
We found (fall) leaves here and there.
① fall
② fell
③ fallen
④ falling

**정 답**　　35. ③　36. ①　37. ④　38. ①　39. ③

**40.** 다음 중 조주보조원(Bar helper)의 주 임무는 ?

① 고객에게 주문을 받고 음료를 조제 제공한다.

② 얼음기계, 냉장고 등 모든 기물들의 고장 상태를 점검한다.

③ 주장(Bar)에서 필요한 주류 및 보급품의 준비와 영업에
필요한 준비를 한다.

④ 주장에 오는 고객을 영송한다.

**41.** 조주의 부재료에서 시럽류인 석류열매의 색과 향을 가진
것은 ?

① 그레나딘 시럽(grenadine syrup)

② 매이플 시럽(maple syrup)

③ 껌시럽(gum syrup)

④ 프레인 시럽(prrain syrup)

**42.** 생맥주에 해당하는 뜻은 ?

① Lager beer　　　　② Draft beer

③ Schlitz　　　　④ Black beer

**43.** Dispenser 용 Soft Drink 보관 관리 중 맞는 것은 ?

① 온도차가 심한 곳에 보관한다.

② 시원하고 그늘진 곳에 보관한다.

③ 햇볕이 들어오는 창가에 보관한다.

④ 열기가 많은 주방에 보관한다.

**44.** Bourbon Whiskey는 Corn 재료를 몇% 이상 사용해야만 버
번 위스키로 구분되는가 ?

① Corn 90 %

② Corn 80 %

③ Corn 51%

④ Corn 40 %

**45.** 주류 재료 저장관리원칙 중 틀린 것은 ?

① 저장위치 표시의 원칙

② 분류저장의 원칙

③ 납기보장의 원칙

④ 선입선출의 원칙

**46.** 다음 프랑스 wine의 품질을 나타내는 표시 중 최고의 품질을 나타내는 것은 ?

① A.O.C.

② Vin de Pays

③ V.D.Q.S

④ Vin de Table

**47.** 알래스카(Alaska) 칵테일에 첨가되는 혼성주는 ?

① Whisky         ② Chartreuse

③ Curacao        ④ Drambuie

**48.** 주장요원이 영업시간 전에 해야 할 사항이 아닌 것은 ?

① 각종 글라스를 깨끗이 닦고 정돈해 둔다.

② 각종 바 기구를 정돈 비치해 둔다.

③ 각종 보조재료를 확보해 둔다.

④ 각종 신문잡지를 정돈 비치해 둔다.

**49.** Which of the following wines should be served not chilled but at room-temperature ?

① Red Wine

② White Wine

③ Champagne

④ Rose Wine

**50.** 위스키(Whisky)의 선택요령 중  잘못된 것은 ?

① 상표선택은 관리인이나 지배인의 추천에 의해 인기 있
는 상표를 선택한다.

② 상표가 다른 위스키를 섞어서 사용하는 것은 절대로 금
한다.

③ 조주원은 항상 고객편과 회사의 이익을 고려하여 위스
키를 선택한다.

④ 특정한 상표를 지정하여 주문한 위스키가 없을 때는 그
것과 유사한 위스키로 대치한다.

**51.** 술을 과음하고 주취가 심할 때 마시면 빨리 해소되는 음료
가 있다. 다음 어느 것인가 ?

① mineral water       ② soda water

③ plain water       ④ cider

**52.** 리큐르(Liqueur)주 설명 중 틀린 것은 ?

① 영국, 미국에서는 코르디알(Cordials)이라고도 부른다.

② 술 분류상 혼성주 범주에 속한다.

③ 주정(Base liquor)에다 약초, 과일, 씨, 뿌리의 즙을 넣어
서 만든다.

④ 브랜디(Brandy)가 대표적인 술이다.

**53.** Which terminology of the following is not related to cocktail-
making ?

① straining       ② beating

③ stirring       ④ shaking

**54.** 생맥주는 미살균된 맥주이므로 항상 적당한 온도를 유지
하여야 한다. 유지온도는 몇도가 좋은가 ?

① 2~3℃       ② 4~5℃

③ 5~6℃       ④ 6~7℃

**정 답**     50. ④   51. ①   52. ②   53. ③   54. ②

**55.** 주장의 부정요소와 관계가 먼 것은 ?

① 개인용 음료판매 가능

② 칵테일 표준량의 속임

③ 무료서브의 남용

④ 요금계산의 정확성

**56.** 조주의 방법 중 스터링(Stiring)이란 ?

① 칵테일을 차게 만들기 위해 믹싱글라스에 얼음을 넣고 바스푼으로 휘저어 만드는 것

② 쉐이킹으로는 얻을 수 없는 차가운 맛의 칵테일을 만드는 방법

③ 칵테일을 완성시킨 후 향기를 가미시키는 것

④ 글라스에 직접 재료를 넣어 단드는 칵테일 방법

**57.** 에일(Ale)이란 음료는 ?

① 와인의 일종이다.

② 증류주의 일종이다.

③ 맥주의 일종이다.

④ 혼성주의 일종이다.

**58.** 그레이트 와인(great wine)이란 보존 연도가 몇 년 되는 것을 뜻하는가 ?

① 5년 이하          ② 5년 이상

③ 10년 이상         ④ 15년 이상

**59.** Which of the following is made mainly from rye grain ?

① Rye Whisky

② Blended Whisky

③ Scotch Whisky

④ Bourbon Whisky

정 답      55. ②   56. ①   57 ④   58. ③   59. ②

**60.** 특히 여름에만 마시는 것으로 소주에다 젯밥을 넣고 여기
에 계피, 건강, 향인 등을 넣어 장마가 지고 습한 기운이
있을 때 소화를 돕고 향료가 있는 맛 좋은 고유의 술은 ?
① 연엽주
② 춘향주
③ 과하주
④ 송순주

# 2002 조주기능사 기출문제(제 2 회)

**1.** 다음 중 식후주(after drink)로 많이 마시는 것은 ?
① 올드 테일러(Old Taylor)
② 비휘터(Beefeater)
③ 헤네씨(Hennessy)
④ 렐스카(Relska)

**2.** 다음 술중에서 증류주가 아닌 것은 ?
① 보드카(Vodka)
② 샴페인(Champagne)
③ 진(Gin)
④ 럼(Rum)

**3.** 다음 중 스카치 위스키는?
① Vermouth
② Canadian club
③ Black and white
④ Hennessy V.S.O.P

**4.** 다음 중 멕시코산 증류주는 ?
① Irish whisky
② Tequila
③ Bourbon
④ White horse

**5.** 다음 사항 중 혼성주에 속하는 것은 ?
① London dry gin
② Creme de Cacao
③ Schnaps
④ Moet et Chandon

**6.** 다음 중 쉐리(Sherry)에 대하여 맞게 쓴 것은 ?
① 스페인산 백포도주
② 불란서산 백포도주
③ 이태리산 백포도주
④ 독일산 백포도주

**정 답**   1. ③   2. ②   3. ③   4. ②   5. ②   6. ①

**7.** 순수한 자연 그대로의 포도만으로 양조한 비포말성 와인으로 알코올 함유량이 14°이하인 것은 ?

① Sparkling wine  ② Fortified wine
③ Aromatized wine  ④ Natural still wine

**8.** 칼바도스(calvados)는?

① 불란서 보르도산 백포도주
② 사과로부터 만든 증류주
③ 불란서산 드라이 진의 상표
④ 아이리쉬 위스키의 일종

**9.** Dom perignon은 다음 중 무엇과 관계가 있는가 ?

① Champagne  ② Bordeaux
③ Martini Rossi  ④ Menu

**10.** 바카디 칵테일(Bacardi cocktail)을스트레이트 엎(straight up) 상태로 제공시 알맞는 서어브 온도는 ?

① 3℃ 정도  ② 6℃ 정도
③ 9℃ 정도  ④ 12℃ 정도

**11.** 다음의 내용물로 조주하는 칵테일은 ?

> 眂 1½온스 보드카   眂 3온스 토마토쥬스
> 眂 1대시 레몬쥬스   眂 ½티스푼 우스터서소스
> 眂 2방울 다바스코소스  眂 후추, 소금(약간)

① 비엔비(B&B)
② 블루디메리(Bloody mary)
③ 블랙러시안(Black Russian)
④ 다이커리(Daiquiri)

**12.** Dry Martini를 만드는 방법은 ?

① Mix

② Stir

③ Shake

④ Float

**13.** 레드 와인 제조 과정이 가장 알맞게 연결된 것은 ?

① 수확-분쇄-압착-발효-숙성-여과-병입

② 수확-분쇄-발효-압착-숙성-여과-병입

③ 수확-분쇄-압착-숙성-발효-여과-병입

④ 수확-압착-분쇄-발효-숙성-여과-병입

**14.** 다음 Cocktail의 종류 중 작품 관성 후 Nutmeg을 뿌려 제공하는 것은 ?

① Eggnog

② Fizz

③ Sour

④ Sling

**15.** Daiquiri Frozen의 주재료와 부재료는 어느 것인가 ?

① Grenadine과 Lime juice

② Vodka와 Lime juice

③ Rum과 Lime juice

④ Brandy와 Grenadine

**16.** 드라이 마티니(Martini) 칵테일의 장식은 ?

① 체리(Cherry)

② 올리브(Olive)

③ 오렌지(Sliced Orange)

④ 너트맥(Nutmeg)

**정 답**  12. ②  13. ②  14. ①  15. ③  16. ②

**17.** 레몬이나 오렌지의 과즙(果汁)을 짜내는 기구 명칭인 '스퀴저'의 올바른 영문 표기는 ?

① Squeezer  ② Sqweezer
③ Squizer  ④ Sqwizer

**18.** 칵테일(cocktail) 조주용 기구와 직접 관계 없는 것은 ?

① 트레이(tray)
② 콜크 스크류(cork screw)
③ 아이스 픽(ice pick)
④ 메저컵(measure cup)

**19.** American whisky '86 proof' 는 우리 나라의 주정 도수로는 몇도인가 ?

① 23도  ② 33도
③ 43도  ④ 53도

**20.** 다음 계량단위 중 옳은 것은 ?

① Pony = Ounce  ② Dash = Drop
③ Jigger = Quart  ④ Pint = Split

**21.** 다음 중 Bourbon Whiskey는 어느 것인가 ?

① Jim Beam  ② Ballantine's
③ Black Bushmill  ④ Bombay

**22.** 칵테일 용어 설명 중 틀린 것은 ?

① 스티어(Stir) -잘 섞이도록 저어 주는 것
② 플롯(Float) - 한 가지의 술에 다른 술이 혼합되지 않게 띄우는 것
③ 더블(Double) - 칵테일에서 2온스를 말한다.
④ 스트레이너(Strainer) - 과육을 제거하고 껍데기만을 짜 넣는다는 의미

정 답  17. ①  18. ①  19. ③  20. ①  21. ①  22. ④

**23.** 우리 조상들이 곡물로 만들어 농번기에 주로 먹었던 막걸리의 제조 방법은 ?

① 혼성주

② 증류주

③ 양조주

④ 화주

**24.** 조주를 하는 목적과 가장 거리가 먼 것은 ?

① 술과 술을 섞어서 두 가지 향의 배합으로 색다른 맛을 얻을 수 있다.

② 술과 소프트 드링크 혼합으로 좀더 부드럽게 마실 수 있다.

③ 술과 기타 부재료를 가미하쳐 좀더 독특한 맛과 향을 창출해 낼 수 있다.

④ 원가를 줄여서 이익을 극대화하기 위하여

**25.** Muddler의 용도를 가장 잘 설명한 것은 ?

① Glass를 보호하기 위한 기구

② Cocktail 또는 Soft Drink를 섞는 기구

③ Lemon 즙을 짜는 기구

④ Ice를 가루로 만드는 기구

**26.** 우리 나라 대표적인 고급 위스키로 간주되는 것으로 고려 시대에 왕실에 진상되었으며, 이것은 일체의 첨가물 없이 조와 찰수수만으로 전래의 비법에 따라 빚어내는 순곡의 증류식 소주는 ?

① 문배주

② 백세주

③ 두견주

④ 과하주

**27.** 의사의 처방전이나 요리의 양목표처럼 칵테일에도 재료 배합의 기준량이나 조주하는 기준을 표시하는 것을 무엇이라고 하는가 ?

① 하프 앤 하프(half & half)

② 레시피(recipe)

③ 드랍(drop)

④ 대시(dash)

**28.** 다음 중 독일의 진(German Gin)이라고 일컬어지는 Spirits 는 ?

① 스타인 헤거(Steinhager)

② 힘버가이스트(Himbeergeist)

③ 키르슈(Kirsch)

④ 후람보아즈(Framboise)

**29.** 프랑스 와인의 원산지 통제 증명법의 약어는 ?

① D.O.C

② A.O.C

③ V.D.Q.S

④ Q.M.P

**30.** 카나페(canape)란 무엇인가 ?

① 식후에 먹는 디저트

② 식전에 먹는 에피타이저

③ 통조림 과자

④ 생선으로 만든 술안주

**31.** 다음 중 cocktail 부재료로서 가장 많이 사용되지 않는 것은 ?

① lemon     ② orange

③ pineapple    ④ grape

**32.** 음료저장 관리방법 중 FIFO 의 원칙에 적용될 수 있는 술은 ?
① 위스키　　　　　　② 맥주
③ 브랜디　　　　　　④ 포도주

**33.** 드라이(Dry)와 같은 뜻은 ?
① Amabile　　　　　②Bianco
③ Dolce　　　　　　④ Sec

**34.** 휘저어(Stir) 만드는 칵테일에 사용하는 혼합 기구는 ?
① Hand Shaker　　　② Mixing Glass
③ Squeezer　　　　　④ Jigger

**35.** 조주원(Bartender)의 직무에 해당하는 것은 ?
① 영업종료 재고조사를 확인한다.
② 조주원 보조(Bar Helper)와 잡역들의 일을 분담하여 지시, 감독한다.
③ 각종 주류 및 보급품의 청구 및 보충저장을 지시한다.
④ 각 업장의 위생검열을 매일 실시한다.

**36.** 다음 중 조주 보조원(Bar-Helper)의 주임무는 ?
① 고객에게 주문을 받고 음료를 제공한다.
② 고객이 사용한 식탁을 청소하고 빈잔을 치운다.
③ 바(Bar)에서 필요한 보급품, 린넨, 소모품 등의 보급책으로 조주원의 작업을 돕는다.
④ 얼음기계, 냉장고 등 모든 기물의 상태를 점검한다.

**37.** 포도주 저장 창고 위치로서 가장 적당한 곳은 ?
① 될수 있는 한 지하실
② 구매접수가 용이한 장소
③ 바(Bar)와 가까운 곳
④ 주방창고와 가까운 곳

**38.** 위스키의 최장저장이 30년 설도 있다. 25년 저장품이 병에
담겨 5년이 경과됐다. 이때의 숙성정도는 ?
① 이미 퇴화가 시작된 것이므로 가치가 없다.
② 병에서는 숙성하지 않으므로 25년 때의 상태인 것이다.
③ 병에서 새로이 숙성하므로 30년 숙성과 같다.
④ 병에 담은 년수중 처음 1년만 더 숙성한다.

**39.** 에이지 와인(Aged Wine)은 몇년간 저장하여 숙성시킨 것인
가 ?
① 3년 이하
② 5년 이하
③ 5년~15년
④ 15년 이상

**40.** 살균된 병맥주가 양조장으로부터 출고하여 실내 온도에서
보관할 수 있는 적당한 기간은 ?
① 3개월                    ② 4개월
③ 5개월                    ④ 6개월

**41.** 샴페인이나 와인을 보관할 때의 유의사항 중틀린 것은 ?
① 12~15℃의 서늘한 장소가 좋다.
② 진동이 없는 조용한 장소(quiet place)가 좋다.
③ 공기유통이 잘되는 건조한 장소를 택한다.
④ 곰팡이가 나지 않도록 병을 닦아 세워 놓는다.

**42.** 통(keg)에든 생맥주 취급에 관한 주의사항 중 틀린 것은 ?
① 미살균 맥주로서 장기저장이 불가능하다.
② 저장온도는 10~13℃로 유지·보관하여야 한다.
③ 먹(mug)은 기름기가 없도록 세척하여야 한다.
④ 재고 순환을 철저히 하여야 한다.

**43.** 바에서 사용하는 청량음료의 냉각은 어느 정도가 표준인가 ?

① 2~5℃

② 6~8℃

③ 15~18℃

④ 19~22℃

**44.** 쉐이커(Shaker)는 몇등분으로 분리되어 있는가 ?

① 캡과 보디로 되어 있다.

② 캡과 스트레이너 및 보디로 되어 있다.

③ 스트레이너와 보디로 되어 있다.

④ 캡이 2등분으로 되어 있다.

**45.** 칵테일 재료(Recipe)를 보고 알 수 없는 것은 ?

① 칵테일의 색깔

② 칵테일의 분량

③ 칵테일의 성분

④ 칵테일의 판매량

**46.** 주장(Bar) 내에서 필요한 기구류가 아닌 것은 ?

① Strainer(스트레이너)

② Ice Pick(아이스 픽)

③ Pouring Lip(포링 립)

④ Cocktail Napkin(칵테일 냅킨)

**47.** 조주의 기본기법 중 얼음(Ice)의 선택사항에 해당되지 않는 것은 ?

① 칵테일과 얼음은 밀접한 관계가 성립된다.

② 칵테일에 많이 사용되는 것은 각얼음(Cubed ice)이다.

③ 얼음은 재사용할 수 있고 얼음속에 공기가 들어 있는 것이 좋다.

④ 투명하고 단단한 얼음이어야 한다.

**정 답**  43. ②  44. ②  45. ④  46. ④  47. ③

**48.** Cork screw 의 용도는 ?

　① 잔받침대 용

　② 와인 보관용 그릇용

　③ 병마개용

　④ 와인 병따개 용

**49.** 맥주 제조 과정에서 미살균 상태로 저장되는 맥주를 무엇
이라 하는가 ?

　① Black Beer　　　　② Draft Beer

　③ Porter Beer　　　④ Lager Beer

**50.** 주장(Bar)에서 일일 적정 재고량을 나타내는 말은 ?

　① Bar Stock　　　　② Par Stock

　③ Inventory　　　　④ Order Slip

**51.** 다음 괄호에 알맞는 말은 ?

"( )is a white appetizer wine flavored with as many as thirty
to forty different herbs, roots, berries, flowers and seeds."

　① Fruit juice　　　　② Angostura bitters

　③ Blended whiskey　④ Vermouth

**52.** A bottle of Burgundy would go very well ( ) your steak, Sir.

　① for　　　　　　　② to

　③ from　　　　　　④ with

**53.** 안에 적당한 말은? I'd like a table ( )three, please.
(3인용 테이블 하나 원합니다.)

　① against　　　　　② to

　③ from　　　　　　④ for

**54.** What is the meaning of sherry ?

① Portugal wine

② Italian white wine

③ French wine

④ Spanish white wine

**55.** A large tub, tank or cask for holding liquids to be used in a manufacturing process or to be stored for fermenting or ripening.

① Duster　　　　　　② Decanter

③ Coaster　　　　　　④ Vat

**56.** 다음 중( ) 안에 들어갈 적당한 말은 ?

"Would you like another cocktail (　)you are waiting ?"

① though　　　　　　② even if

③ while　　　　　　④ the moment

**57.** 다음 괄호에 알맞는 단어는 ?

"If you carry the process of fermentation one step further and separate the alcohol from the fermented liquid, you create what is essence or the spirit of the liquid. The process of separation is called (　)."

① intoxication

② evaporation

③ liquidization

④ distillation

**58.** Put a_____________ of ice in the glass.

① scoop　　　　　　② piece

③ hands　　　　　　④ spoon

정 답　　54. ④　55. ④　56. ③　57. ④　58. ②

**59.** "Are the same kinds of glasses used for all wines ?"에 적
당한 대답은 ?

① Yes, they are.

② No, they don't.

③ Yes, they do.

④ No, they are not.

**60.** 다음 문장의 내용으로 보아 (  )안에 동사형을 바르게 변형
시킨 항을 고르시오.

"It's time we all (go) home."

① go

② went

③ had gone

④ have gone

정 답     59. ④   60. ②

# 2002 조주기능사 기출문제(제 5 회)

1. 우리나라의 증류주인 소주는 처음에 무엇으로 유용하게 사용된 음료인가 ?
   ① 기분을 고조시키기 위하여
   ② 축제용으로
   ③ 약용으로
   ④ 보신용으로

2. 앙뜨레(Entree)에는 무슨 술을 제공해야 하는가 ?
   ① 칵테일주　　　　② 쉐리주
   ③ 적포도주　　　　④ 브랜디

3. 버어번(Bourbon) 위스키는 어느 나라의 술인가 ?
   ① 영국　　　　② 불란서
   ③ 미국　　　　④ 캐나다

4. 발포성포도주(sparkling wine)의 감도(甘度)를 표시하는 말 중 "데미 섹(Demi -sec)" 은 몇 %의 감도를 말하는가?
   ① 1～2%　　　　② 6～7%
   ③ 8～12 %　　　　④ 15～19 %

5. 특별히 잘된 해의 포도로 만든 와인은 그 연호를 상표 라벨에 표시한다. 그 명칭은 ?
   ① 에이지드 와인(Aged Wine)
   ② 클라렛(Claret)
   ③ 빈티지 와인(Vintage Wine)
   ④ 드라이 와인(Dry Wine)

**정 답**　　1. ③　2. ③　3. ③　4. ②　5. ③

**6.** 다음 중 서로 관련이 없는 것은 ?

① Apple - Cider
② Pear - Perrg
③ Malt - Gin
④ Grape - Wine

**7.** 조주상 사용되는 표준계량의 표시 중에서 틀린 것은 ?

① 1티스푼(tea spoon) = $\frac{1}{8}$온스
② 1스플리트(split) = 6온스
③ 1핀트(pint) = 10온스
④ 1포니(pony) = 1온스

**8.** 다음 중 장식으로 양파(Cocktail onion)가 필요한 것은 ?

① 마티니(Martini)
② 깁슨(Gibson)
③ 좀비(Zombie)
④ 다이퀴리(Daiquiri)

**9.** American whisky "86 proof"는 우리나라의 주정 도수로는 몇 도인가 ?

① 23도
② 33도
③ 43도
④ 53도

**10.** 칵테일(Cocktail)의 도량 용어와 관계 있는 단어는 ?

① 드라이(Dry)
② 드랍(Drop)
③ 쉐이커(Shaker)
④ 프로트(Float)

**11.** 1쿼트(quart)는 몇 온스(ounce)를 말하는가 ?

① 1온스
② 16온스
③ 32온스
④ 38.4온스

**12.** 럼(Rum)에 대한 설명 중 틀리는 것은 ?

① Light Rum
② Soft Rum
③ Heavy Rum
④ Medium Rum

**13.** Glass 종류가 아닌 것은 ?

① High Ball　　　　② On the Rocks

③ Straight　　　　④ Vermouth

**14.** 계란(egg)이 들어가는 칵테일에 주로 뿌려 주는 부재료는?

① Nutmeg Powder　　② Lemon Powder

③ Cinnamon Powder　　④ Chocolate Powder

**15.** 양조주(Fermented Liquor)에 속하는 술(Alcoholic Beverage)은 어떤 것인가 ?

① 샤르트루즈(Chartreuse)

② 진(Gin)

③ 캄파리(Campari)

④ 와인(Wine)

**16.** 펄케(pulque)를 증류해서 만든 술은 ?

① 럼　　　　　　② 보드카

③ 데킬라　　　　④ 아쿠아비트

**17.** 일반적으로 하드리커란 무엇을 일컫는가 ?

① 탄산음료　　　　② 칵테일

③ 비알콜 음료　　　④ 증류주

**18.** 소주의 원료와 관계가 먼 것은 ?

① 쌀　　② 보리　　③ 밀　　④ 맥아

**19.** 쥬니퍼 베리(Juniper Berry)를 넣은 술은 무엇인가 ?

① Irish Whisky　　　② Gin

③ American Whisky　　④ Vodka

**20.** 잔 주위에 설탕이나 소금 등을 묻혀서 만드는 방법은 ?

① Shaking       ② Building

③ Floating       ④ Frosting

**21.** 다음 중 Straigt Glass로 부르지 않는 것은 ?

① Single Glass       ② Whisky Glass

③ Cocktail Glass       ④ Shot Glass

**22.** 다음에서 글래스(glass) 가장자리의 스노우스타일(snow style) 장식 칵테일로 어울리지 않는 것은 ?

① 키스오브파이어(Kiss of Fire)

② 마가리타(Magarita)

③ 시카고(Chicago)

④ 그라스 하프(Grass Hopper)

**23.** 생강을 주원료로 만든 탄산음료는 ?

① Soda Water       ② Tonic Water

③ Perrier Water       ④ Ginger Ale

**24.** 오렌지를 주원료로 만든 술이 아닌 것은 ?

① Triple Sec       ② Tequila

③ Grand Marnier       ④ Cointreau

**25.** 롱드링크 칵테일(Long drinks cocktail)인 것은 ?

① Mai Tai       ② Martini

③ Daiquiri       ④ Alexander

**26.** 스파클링 와인(sparking wine)으로 어울리지 않는 것은 ?

① 샴페인(Champagne)       ② 젝트(Seket)

③ 카바(Cava)       ④ 아르마냑(Armagnac)

정답    20. ④   21. ③   22. ④   23. ④   24. ②   25. ①   26. ④

**27.** 부드러우며 뒤끝이 깨끗한 한국고유의 약주로서 쌀로 빚으며 소주에 배, 생강, 울금 등 한약재를 넣어 숙성시킨 호남의 명주로 알려진 전북 전주의 전통주는 ?

① 두견주　　　　　　　② 국화주
③ 이강주　　　　　　　④ 춘향주

**28.** 칵테일 조주에서 가장 기본이 되는 술을 베이스(base)라고 하는데, 다음에서 베이스(base)로 합당하지 못한 것은 ?

① 위스키(whisky)　　　② 소다수(soda water)
③ 보드카(vodka)　　　④ 진(gin)

**29.** 얼음, 생크림, 계란, 과일 등을 혼합해서 만들기도 하고 프로즌 스타일의 칵테일을 만들 때 전기기구를 이용해서 만드는 조주법은 ?

① shaking　　　　　　② building
③ blending　　　　　　④ floating

**30.** 칵테일 조주방법에서 재료의 비중을 이용하여 내용물을 차례차례 위에 뛰우거나 쌓는 방법은 ?

① floating　　　　　　② shaking
③ blending　　　　　　④ stirring

**31.** 럼주의 주원료는 ?

① 사탕수수　　　　　　② 소맥
③ 포도　　　　　　　　④ 호프

**32.** 맨해턴 칵테일 드라이(Manhattan Cocktail Dry)를 제공하기 위해 준비해야 하는 고명(Garnish)은?

① Lemon　　　　　　　② Cherry
③ Pearl onion　　　　　④ Cocktail olive

**정 답**　　27. ③　28. ②　29. ③　30. ①　31. ①　32. ④

**33.** 다음 중 1단위가 가장 적은 스탠드 바 계량 단위는 ?

　① Table spoon　　　② Pony

　③ Jigger　　　　　④ Dash

**34.** High ball은 어느 잔에 담아야 하는가 ?

　① Champagne Glass　② Cocktail Glass

　③ Tumbler　　　　　④ Goblet

**35.** 계란, 설탕 등이 들어가는 칵테일을 혼합할 때 사용하는 기구는 ?

　① Hand Shaker　　　② Mixing Glass

　③ Strainer　　　　　④ Jigger

**36.** 조주시 위생적인 주류 취급방법을 설명한 것 중 틀린 것은 ?

　① 글라스에 얼음을 담을 때는 스쿠프(Scoop)나 집게를 사용한다.

　② 조주사용 타월은 수시로 쓰기 때문에 허리띠로 기웠다가 쓰도록 한다.

　③ 조주사가 심한 감기에 걸렸을 때는 근무해서는 안된다.

　④ 담배를 피운 후이거나 얼굴 등 자기의 몸을 만진 후에는 손을 씻는다.

**37.** 효과적인 음료통제제도로 부적당한 것은 ?

　① 주문시에는 서면구매 청구서를 사용한다.

　② 검수시에는 송장과 구매 청구서를 대조, 체크한다.

　③ 영속적인 재고조사 시스템을 둔다.

　④ 바의 간이 창고에는 한달분의 재료를 저장한다.

정 답　　33. ④　34. ③　35. ①　36. ②　37. ④

**38.** 와인(Wine)의 장기저장 장소로 합당치 않은 것은 ?

① 시원한 장소(12 ~ 15℃)

② 진동이 없는 조용한 장소

③ 직사광선이 들어오는 밝은 장소

④ 환기가 잘 되는 건조한 장소

**39.** 저장관리원칙에 해당되지 않는 것은 ?

① 저장위치 표시　　　　　② 분류저장

③ 품질보전　　　　　　　④ 매상증진

**40.** 글라스(Glass)의 위생적인 취급방법으로 옳지 못한 것은 ?

① Glass는 불쾌한 냄새나 기름기가 없고 환기가 잘되는 곳에 보관해야 한다.

② Glass는 비누물에 닦고 뜨거운 물과 맑은 물에 헹구어 사용하면 된다.

③ Glass를 차게 할 때는 냄새가 전혀 없는 냉장고에서 Frosting 시킨다.

④ 얼음으로 Frosting 시킬 때는 냄새가 없는 얼음인가를 반드시 확인해야 한다.

**41.** 적포도주는 몇 도로 보관해서 마시는 것이 가장 좋은가 ?

① 8 ~ 10℃　　　　　　② 12 ~ 14℃

③ 17 ~ 19℃　　　　　　④ 22 ~ 25℃

**42.** 바 지배인(Bar manager)의 수행업무가 아닌 것은 ?

① 고객계층분석이 주 수행업무이다.

② 주장이 정돈되어 있도록 지휘·감독한다.

③ 얼음제조기와 다른 기물들의 작동기능을 점검한다.

④ 재고조사, 물품 청구서 작성을 한다.

정 답　　38. ③　39. ④　40. ②　41. ③　42. ①

**43.** 칵테일 부재료는 어떻게 보관하는가 ?

① Open한 부재료는 냉장고에 보관한다.

② 쓰다 남은 부재료를 상온에 보관한다.

③ 모든 부재료는 냉동고에 보관한다.

④ 햇볕이 많이 들어오는 곳에 보관한다.

**44.** 기물 설치 및 설치관리 중 맞지 않는 것은 ?

① 바의 수도시설은 Mixing Station 바로 후면에 설치한다.

② 배수구는 바텐더의 바로 앞에, 바의 높이는 고객이 작업을 볼 수 있게 설치한다.

③ 얼음제빙기는 Back Side에 설치하는 것이 가장 적절하다.

④ 냉각기는 표면에 병따개 부착된 건성형으로 Station 근처에 설치한다.

**45.** 조주시 기본이 되는 단위는 ?

① cc(씨씨)  ② g(그람)

③ oz(온스)  ④ mg(밀리그람)

**46.** 주류의 구매관리에 있어서 적절하지 못한 것은 ?

① 최대 저장량은 2개월분이 적당하다.

② 다량의 주류저장은 도난 위험이 있으므로 비효율적이다.

③ 증류주는 변질의 우려가 있으므로 다량 구매의 장점을 살린다.

④ 재고로 발생된 비용은 자금 회전율을 늦추게 되므로 유의한다.

**47.** 다음 음료 중 차게 해서 보관하지 않는 것은 ?

① White Wine  ② Dry Sherry

③ Beer  ④ Brandy

**48.** 혼성주의 제조방법 중 성질이 다른 하나는 ?

① 발효법(Fermentation)

② 증류법(Distillation)

③ 에센스법(Essence)

④ 침출법(Infusion)

**49.** 스트레이너(Strainer)의 설명 중 틀린 것은 ?

① 철사망으로 되어 있다.

② 얼음이 글라스에 떨어지지 않게 하는 기구이다.

③ 믹싱글라스와 함께 사용된다.

④ 재료를 섞거나 소량을 잴 때 사용된다.

**50.** 바스푼(Bar spoon)의 설명 중 틀린 것은 ?

① 믹싱 스푼이라고도 한다.

② 재료를 섞을 때 사용한다.

③ 소량의 술을 띄울 때 사용한다.

④ 병마개 딸 때도 사용한다.

**51.** 다음 설명에 알맞는 술 이름은 ?

「It was originally made in Russia, from Potatoes, but in the United States it is usually distilled from grain, primarily corn and wheat.」

① Rum            ② Vodka

③ Gin            ④ Whisky

**52.** Mixed drinks are increasigly being ordered "on the rocks".

다음 밑줄친 말의 뜻은 ?

① on the water      ② on the stone

③ on the ice        ④ on the whisky

**정 답**      48. ①    49. ④    50. ④    51. ②    52. ③

**53.** 다음 영문에서 나타내는 것은 ?

The cold, sweet, non-alcoholic drink which is often charged with gas.

① distilled liquor      ② sodium chloride

③ hard drink      ④ soft drink

**54.** Champagne should be drunk cold. The ideal way to cool it is by (　　) the bottle in a champagne bucket(　) with water and ice.

① placing, filled      ② taking, full

③ doing, together      ④ handling, covered

**55.** What are used to measure out liquors for cocktails, highballs, and other mixed drinks ?

① Jiggers      ② Mixing glasses

③ Bar spoons      ④ Pourers

**56.** 다음 (　　) 안에 알맞는 단어는 ?

Please (　　) yourself to the coffee before it gets cold.

① drink      ② help      ③ like      ④ does

**57.** 「Are you free this evening ?」의 가장 적당한 뜻은 ?

① 이것은 무료입니까 ?

② 오늘밤에 시간 있습니까 ?

③ 오늘밤에 만나시겠습니까 ?

④ 오늘밤에 개점합니까 ?

**58.** "나는 진토닉이 싫다."의 적절한 영작은 ?

① I don't like a Gin with tonic

② I don't like Gin with tonic

③ I don't like the Gin with tonic

④ I don't know Gin with tonic

정 답      53. ④    54. ①    55. ①    56. ②    57. ②    58 ②

**59.** She (     ) a good picture. This baggage (     ) much room.
(     ) 안에 공통적으로 들어갈 단어는 ?
① has　　② picks　　③ takes　　④ does

**60.** He bought me a telephone. 의 다른 표현은 ?
① He buy me a telephone.
② He did bought me a telephone.
③ He bought a telephone for me.
④ He bought telephone to me.

# 양주와 칵테일

조주기능사 문제수록

2002년 8월 10일   초 판 발행
2002년 10월 20일   개정판 발행

지 은 이 • 김 성 열
발 행 인 • 김 홍 용
펴 낸 곳 • **도서출판 효 일**
주    소 • 서울특별시 동대문구 용두2동 102-201
전    화 • 02)928-6644~5
팩    스 • 02)927-7703
홈페이지 • www.hyoilco.co.kr
등    록 • 1987년 11월 18일   제6-0045호



값 18,000원

ISBN 89-8489-053-7